植物的生存智慧

推薦文

&

Recommendation

聆聽花樹與蟲兒喁喁細語

◎ 陳坤燦／繁體中文版審定

　　世界上動植物種類不知凡幾，和你我共同生活在這地球上，一起依靠陽光、空氣、水的滋養得以成長繁盛。走在公園社區、山林郊野，在花草樹木環繞的地方，享受自然靜謐的氛圍時，可曾好奇過蝶為什麼飛、花為什麼美、草為什麼香、樹為什麼如此壯大？

　　如果你對這些事情帶有點好奇心，想要窺探花開蝶舞的美麗風采背後的故事，那你得靜下心來，貼近它們細細觀看、深深嗅聞、輕輕撫摸，甚至於嘗嘗看，一定會有更豐富的體驗。人們常說事出必有因，脫皮的樹、木板樣的根、像炮彈的果、蝴蝶般花、隨波逐流的種子，總有原因讓他們長成那樣，依大自然的演化法則，逐漸演變為各種引人入勝的體態形貌，在物種的生息繁衍上，各自努力發揮著生存的智慧。

　　這本書的作者群有著充足的知識與經驗，在專業的背景下，比一般人更能聽懂花樹蟲蝶的話語，由他們轉述下，讀者更深入去體會理解這些自然的秘密，配上精緻美麗的手工插畫，在閱讀吸收知識之餘，還能讓心靈歇息一下，用藝術來調和知性平衡。看完書後，不僅於認識裡面介紹的物種，也會啟發未來對自然的洞察力，對萬物的好奇心就像噴泉般，源源不絕地湧出，下次在面對花草樹蟲時，你也將聽得懂他們對你訴說的秘密情事。

序言

&

Preface

有趣的生命

◎ 黃瑞蘭

　　2009 年，6 歲的大侄女忽然對植物產生了興趣，央求我這個在植物園工作的姑姑給她買一些植物故事書。於是我從各個管道搜索購買了十多本植物故事書籍。但令人失望的是，這些書籍要麼是偏向於學科性描述類型的植物介紹，要麼是天花亂墜的神話故事，或是過於詩情畫意，加入作者過多的私人感受，或是過度成人化的散文式植物故事。

　　當時，中國國內生動有趣又蘊含植物科學資訊的故事類圖書，很少見到。轉眼十年過去了，許多國外的優秀植物科普書籍被引進，國內也陸續出版了一些不錯的植物科普讀物。

　　但確是從那以後，我萌發了要撰寫該類文章的想法。從 2009 年到2012 年期間，我陸續寫了近 70 篇植物故事。同時我和兩位同事——鄒麗娟和杜志堅，達成了共識，各自撰寫一些比較生動有趣的植物與昆蟲的故事，結集出書，並有幸於 2012 年申請到了國家自然科普基金專案的資助。

　　據說，好奇心是科學家必要的武器。而好奇心似乎生來就存在於每個兒童心裡。比如：為什麼向日葵總是要朝著太陽轉？為什麼花莖要長刺？為什麼有些花兒要選擇夜晚開放？

　　長大後，有些人通過專業學習獲得了答案，而有些人則將這些兒時的疑問漸漸遺忘，與此同時，在忙碌的生活中，我們也漸漸忘記了探索自然

的種種樂趣。然而，正如《小王子》裡所說的，難道關心一朵花兒的生死存亡竟然不重要嗎？要知道，植物界本身就是一個千奇百怪、樂趣無窮的世界，裡面蘊含了無數的秘密。

　　世界上沒有兩片葉子是一樣的，正如同每個人都是獨一無二的。英國詩人丁尼生說：「當你從頭到尾弄懂了一朵小花，你就懂得了上帝和人。」

　　如今，當這本書幾經周折真正要出版時，曾經纏著我講故事的大侄女已經17 歲了，她似乎不再對植物感興趣了。而我依然希望，在我們三個作者知識範圍內所撰寫的這些植物小故事，結合插畫師周小兜的那些可愛、清新而又生動的配圖，能喚起大小讀者們對植物的秘密生活，植物的自然之美，植物智慧之神奇的興趣，激發出對自然和生命的熱愛。

一次認真的消遣

◎ 鄒麗娟

　　多年前，陪一個深圳的朋友逛華南植物園，從棕櫚園到鳳梨園、蘇鐵園、景觀溫室、第一村，一路散步，一路觀看，一路聊天，掛在樹上的綠鬚是空氣鳳梨，地上帶刺的圓球是金鯱，果實高高豎起的是昂天蓮，水邊開紅花的是美人蕉……就這樣，逛了一個下午，那天我們的話題只有路經的植物。分別時友人滿足地說：「娟子，我今天看到的植物比過去任何時候都多。」我笑著說：「其實，你早就見過它們，只是從未關注過它們！」前陣子，接到朋友從深圳打來的電話，興奮地告訴我她正在海邊，看到了一顆顆散落在灘塗上的種子。放下電話，突感欣慰，如果通過一次遊覽，或一次導賞就能為一個對植物感興趣的人，打開一扇留心自然、喜愛自然、體驗大自然神奇之處的視窗，那實在是太好了。

　　由於工作的關係，我一年四季多數時間行走於林間。身邊的植物能讓我第一時間體驗時光交替及季相的變幻。春天杜鵑花、禾雀花開始爭豔；夏日芒果掛滿枝，荷花、睡蓮長滿池；秋天樹枝上熱鬧地掛滿了果實，而落羽杉正悄悄變色；冬天大多數的樹木在養精蓄銳，而鐵冬青卻為嚴寒增加了一抹耀眼的紅……這些都成為我和自然之間對話的傳話筒。我想，大自然是美妙的，人類仰望星空，植物同樣仰望星空。植物是生命存在的一種形式，給我們提供了生命的底色、成長的意義、蓬勃的生機、行走的節奏、跳動的脈搏、芳香的氣息，更重要的是存在著的美麗。於是，此時此刻，我願意把自己看到的、聽到的、捕捉到的大自然的美麗和魅力，分享傳遞給喜歡大自然的你。希望，你會愛上它。

與蟲相伴

◎ 杜志堅

　　昆蟲是生活在地球上的一大動物類群，也是地球上最早出現的動物之一，早在 3.5 億年前，昆蟲已在地球上佔有一席之地；在經歷無數的環境變遷及磨難後，以其高度的適應性倖存至今，形成目前紛繁複雜的昆蟲世界。人類早在地球出現之日便與昆蟲結下不解之緣，隨著人類歷史的發展，兩者間的關係延伸至各個領域。人們常會把昆蟲劃分為益蟲與害蟲，但在自然界裡卻沒有「益」「害」之分，每一種昆蟲都有各自的生態位，相互作用，維持生態平衡，一旦昆蟲在地球上消失，人類也將很快面臨滅頂之災。

　　隨著「保護生物多樣性」「綠色」「生態」等與環境問題相關的詞彙日漸升溫，昆蟲憑藉其在農、林、牧、醫藥、食用、觀賞及環境監測評估等領域所擁有的無窮應用價值與開發潛力，對於解決各種環境問題中有著舉足輕重的意義，也是實現「金山銀山不如綠水青山」的關鍵之一。

　　本書的後半部分主要呈現一些能在身邊發現卻容易被忽略的昆蟲趣事，揭開植物與昆蟲之間的神秘面紗；包括昆蟲與植物之間的協同進化、互惠共生；昆蟲與真菌的相互博弈；昆蟲歷經億萬年練就的各種生存技巧；昆蟲對食物及生境的極致挑選；昆蟲身體的秘密等。也許很多人對昆蟲會感到恐懼甚至憎惡，但這些負面情緒常源於對昆蟲的錯誤認知乃至誤解，希望通過以下有限的篇幅讓原本的恐懼、憎惡，化作對昆蟲的驚歎與尊重。

　　我在編寫過程中力求將科學性、知識性及趣味性融為一體，喚醒讀者觀察自然、走進自然、感受自然的欲望。但由於自己學識淺薄，錯誤之處在所難免，敬請讀者指正。

創作小記

◎ 周小兜

　　在接到瑞蘭的約稿之前，我與植物繪畫的緣分剛開始不久。翻看從前的手稿，第一張自然筆記是 2012 年，畫了一枝去菜市場途中見到的黃槐，我被它明亮的黃色打動了。之後畫了馬纓丹、蜀葵、金蓮花、報春……雖然筆觸生硬，構圖呆板，但是可以看出那時自己對植物的喜愛已一發不可收拾。

　　真正開始用心去畫植物與各種有趣的昆蟲，正是從成為這本書的插圖作者開始。為了方便寫生，有了那段往返於廣州、深圳，住在植物園裡，背著紙筆，騎著自行車到處遊蕩的美好時光。

　　長相奇特的「人面子」，在粗壯的樹幹上開花的「瓠瓜樹」，可以用來染指甲的「胭脂樹」，還有花開時比櫻花更浪漫的「紅花風鈴木」……在這裡，大自然給予的靈感取之不盡，永遠也畫不完的花草竟讓人有些懊惱。

　　根據三位老師所寫的內容，我一一去尋找對應的描繪物件：在銀帶根節蘭的花期，觀察它授粉前後的不同狀態；躺在病床上時，第一次嘗到老師們寄來的神秘果的果實，仔細回味它是否像文字中描述的那般有趣；在紫花西番蓮藤下，期盼著前來采蜜的木蜂，看它忽閃的翅膀泛起金屬的光澤……

　　這本書以淺顯易懂的語言，讓我從最初盲目的喜愛，到後來主動去發現、去觀察、去記錄……最終找到屬於自己的描繪自然的道路。

　　從參與本書的創作到截稿，四年的時間裡，我對於繪畫的表達也在不斷變化與成長。希望通過文字和插圖，讓讀到此書的你，能瞭解到植物們的有趣故事，並從中體會到親近自然的樂趣。

目 錄

&

Contents

1

天生我材必有用
—— 根莖與樹幹的智慧

2

葉落而知秋
—— 葉片的智慧

天生我材必有用

—— 根莖與樹幹的智慧

Everyone Has Its Own Talent
—— Wisdom of
Tree Root and Trunk

板根是抵抗狂風暴雨的秘密武器

大樹的底座——板根
Stand by Me—— Buttressed Roots

　　第一次到雲南的西雙版納，我不由為「板根」所震慽。那天，我與幾個朋友一起在溝谷雨林裡走著，前方忽然出現一面又高又直的板牆，足足有 3 公尺高。我怎麼也爬不過去，只好想法繞開它，足足繞了十多公尺。後來我才知道這面「板牆」其實是四數木（*Tetrameles nudiflora*）的一條樹根，這樣的根它有四五條呢。正是這些板牆，讓我記住了其貌不揚的四數木，見識了熱帶雨林的板根。

四數木
Tetrameles nudiflora

隸屬四數木科（*Tetramelaceae*）四數木屬，是國家二級保護植物，主要分佈於印度和東南亞，中國為其分佈的最北緣。散生於雲南南部的熱帶雨林和季雨林中，是典型的雨林上層落葉樹種。目前由於森林過度砍伐破壞，其繁殖能力又不足，數量日益減少。

1. 四數木的板根／李素文 攝
2. 青果榕的板根

在熱帶雨林，一些巨型喬木身軀高大而粗壯，樹冠也非常寬大，並且還常常受到藤蔓植物的纏繞，如果沒有強有力的根系做基礎，這些樹木便會頭重腳輕，容易下陷或被熱帶暴風雨吹倒。自然界的奇妙就在於生物與環境的協調關係，讓適者得以生存。不想長高的大樹不是真正的林中英雄，錯就錯在它偏偏長在土地貧瘠的熱帶雨林。也許你會奇怪：熱帶雨林裡土地貧瘠？這是因為雨林中的氣溫適宜，細菌和真菌很快就把死去的生物殘體分解了，在正常的地方需要約一年時間，在這裡只要約一個月就會讓殘體消失殆盡，加上雨水充沛，土壤中幾乎沒有什麼腐殖質和礦物質。所以植物們只好把根長淺一點，從條件相對好的土壤表層吸取營養。大樹一面要長高，一面又不能深紮根，在這種矛盾中，板根這種突變產生了！它既能幫忙支撐高大的樹幹，又能增強吸取土地養分的能力。

這些板根在它的樹幹基部形成巨大的側翼，像是火箭的發射底座，看起來特別威武。在熱帶雨林的大樹中，最有意思的要數四數木的板根，這是一種特殊的根，高和寬都能達到十幾公尺。它雖然大氣、美麗，卻不以裝飾為目的，而是為了支撐那高大的身軀。除此之外，熱帶雨林裡的榕樹（*Ficus microcarpa*）、刺桐（*Erythrina variegata*）、銀葉樹（*Heritiera littoralis*）等喬木樹種都會形成這樣的板根。

不速之客
—— 植物的絞殺者
The Unexpected Guests—— Plant Stranglers

　　一天，微風輕拂，茄苳（*Bischofia polycarpa*）的家裡來了一位不速
之客—— 一個圓溜溜的小傢伙，呆頭呆腦的，卻又惹人憐愛。

左圖描繪了一場植物界的「命案」——榕樹的絞殺。
榕樹的根系不斷生長壯大，已經反客為主了！
榕樹的根系如漁網一般，緊緊地箍住茄苳的樹幹和樹枝……

如此年復一年，茄苳被「軟禁」在榕樹的「親密包圍」中，
只能被慢慢侵蝕，最終腐朽、死亡……

絞殺

熱帶雨林特有的景觀。絞殺植物為了自身種群的生存繁衍，借助於風雨、鳥獸等將種子帶到高大的喬木上。而當其種子發芽慢慢長成幼樹後，它就開始靠盤剝被絞殺樹體的營養為生。絞殺植物的氣生根長粗並伸至土壤後，很快形成自身根系，並從泥土中吸取養分而獨立生存。此時，其附生在被絞殺樹幹上的氣生根，更加快速地發育，形成強大的木質網狀系統，把被絞殺植物團團圍勒。若干年後，被絞殺植物因生活空間限制和營養不良而逐漸枯萎逝去，絞殺植物則取而代之成為一株獨立的參天大樹。絞殺植物的種類很多，如桑科的榕屬、五加科的鴨腳木屬植物等。

「我是一棵大樹的種子，早前被一隻小鳥吃進肚子裡。」小傢伙開始講述它不凡的身世，「當小鳥從您上空飛過時，不客氣地把我丟下來，還好您托住了我，不然我可沒命了，唉，我現在也不知道該怎麼辦好。」茄苳爽朗地笑了：「既然到我這裡來了，那是緣分啊，就住我這裡好了。」小種子一聽，高興得跳了起來，滑到了茄苳的肩膀上。一縷陽光透過茂密的樹葉剛好灑在它身上，舒服極了，它安心睡去。

好心的茄苳給小客人提供免費的公寓和食物，在他的悉心照料下，小小的種子在他身上開始生根、發芽、抽枝，日子就這樣一天天過去了。望著茄苳家裡賴著不走的的客人，鄰居們紛紛奉勸他：「請客容易，送客難啊。」可他不以為意，不就是幾根小小的枝條嗎？沒什麼大不了的。何況助人為樂是他一貫的作風。

日子飛逝而過，小小的種子就此依附著，貪婪地享用主人提供的一切。轉眼間，瘦弱的小客人長成了粗壯的小夥子，並站穩了腳跟。一天大風刮起，小客人差點滑一跤，茄苳趕緊拉住它的手。茄苳並未意識到這是一次致命的握手。從此，客人的小手再也沒有鬆開過，反轉繞了茄苳的胳膊幾圈，勒得他氣都喘不了。

春天來了，茄苳想舒展下自己的身子，也好趁機抖去上一個冬天附在枝葉上塵埃和寒氣。然而，他發現自己的腳都已不聽使喚了。原來小客人的手腳已繞著他的腿一圈、兩圈……直到地面。茄苳驚慌失措，這才覺得這個客人不簡單啊，心想：讓它趕快離開吧。誰知卻怎麼趕都趕不了，甩也甩不掉。經鄰居們提醒，他才恍然大悟：原來他招呼的客人正是江湖傳聞身懷絞殺術的榕樹（*Ficus microcarpa*）啊！

　　可惜為時已晚，榕樹的地盤不斷擴大，已經反客為主了。在空中，層層疊疊的枝葉遮擋了茄苳的生長空間；在地上，網狀的根系緊緊地箍著茄苳的樹幹、枝芽，抑制其增粗，阻止其水分、養分的輸送；在地下，它掠奪茄苳的水分和營養，使其處於饑渴狀態。

　　一年年過去了，茄苳被軟禁在榕樹的無情裹纏中，慢慢腐朽，直到被完全吸收、消化，無影無蹤。榕樹的內部變為一個巨大的空洞。

　　秋風吹起，四周一片寂靜。茄苳的鄰居們害怕極了，一個個仰望天空，心裡暗暗祈禱：老天，千萬別讓榕樹的種子到我家做客啊！

望天樹的風姿，得從空中吊橋上欣賞。

雨林巨人 —— 望天樹
Rainforest Giants—— Skyscraper Tree

　　中國素有「樹木寶庫」的美稱，是世界上木本植物最多的國家之一。據統計，僅木本植物就有 8000 種左右，其中喬木為 2000 多種。在這種類紛繁、形形色色的樹木世界，哪一種樹最高，是每一個植物愛好者都會關心的問題。

　　來自熱帶雨林裡的望天樹以高聳挺拔，欲與藍天對話的姿態，回答了這個問題。望天樹（*Parashorea chinensis*），龍腦香科（*Dipterocarpaceae*）柳安屬中的一員，該家族共有 11 名成員，大多居住在東南亞一帶，而望天樹只生長在中國雲南、廣西，是中國特產的稀有樹

種。它高大通直，葉互生，有羽狀脈，黃色花朵排成圓錐花序，散發出陣陣幽香。1975年，雲南省林考隊在西雙版納考察時發現了這種高個子樹，一種人們仰首也難以看到其樹冠的參天巨樹，它的樹冠如傘蓋撐開懸於半空，因為太高，甚至連靈敏的測高器也難以看到其計可施，所以便有了「望天樹」這個名字，在西雙版納，傣族人則稱之為「傘樹」。它高可達 80 公尺，一般都有 50-60 公尺，在熱帶雨林中比第二層的喬木要高出 20-30 公尺，大有刺破青天的氣勢。假如樹木舉辦「林木奧運會」的話，它一定是籃球和排球運動員的最佳候選者。

望天樹多生長在海拔 350-1100 公尺的溝谷雨林及兩側坡地的山地雨林中，全年都於高溫、高濕、無風、無霜的狀態。在中國主要分佈於雲南西雙版納的勐臘縣和東南部的河口、馬關等縣，廣西一些地區也有分佈。這些地區以其獨特環境，形成獨立的群落類型，展示著奇特的自然景觀。望天樹喜歡被擁簇，凡是有它出現的林子，其樹種組成非常豐富。據調查資料，僅在 400 平方米樣地（符合實驗標準的土地）上，就有木本植物50 多種。筆者曾經將望天樹進行遷地栽培，發現在環境相同的條件下，林下單一的栽培地，望天樹顯得水土不服，而林地植被多樣而茂密的地方，它明顯長得茁壯些，看來它喜歡這種「鶴立雞群」的感覺。

究竟是什麼力量，能讓望天樹快速生長，並超越身邊所有的其他樹木，成為熱帶雨林最偉岸挺拔的大樹呢？在熱帶叢林裡，為了生存，樹木之間每時每刻都在進行著空間、陽光和水分的爭奪大戰。為了佔據地盤，有的樹木盡可能讓自己枝繁葉茂，而有的樹木則盤根錯節，有的更攀緣附會，這些為爭奪生存資源而出現的現象隨處可見。同樣，雨林中的藤本和附生植物佔有很大比重，它們都無法直立生長，因此為了生存，枝繁葉茂的樹木往往成為它們攀附的首選。枝杈眾多已不再是優勢，反而會因此被藤本植物和寄生植物所遮蔽。而望天樹，它的樹幹通直，離地面 10-20 公尺高的部分毫無分枝，使得它在叢林的糾纏和爭鬥中能獨善其身，專心致志地向上生長，直到長至「一覽眾樹小」。

俗話說：樹大招風。那麼望天樹長得如此高大，容易被風折斷嗎？當然不會，一來望天樹長於溝谷和山地這樣特殊的生長環境，二來要歸功於其堅實的樹基。望天樹的基部可向外伸展形成粗壯的板根，加上其樹身向上伸展到 10 層樓高時才有少量的分枝，這種樹形對防風害十分有利。

望天樹可不是空有一副好皮囊，與龍腦香科的其他喬木一樣，以材質優良和單株材積率高而著稱於國際木材市場。它是優良的工業用材樹種，也是製造高級傢俱、樂器、橋樑等的理想材料。可惜望天樹的種子壽命很短，從成熟落地到發芽或腐爛只有幾天的時間，很難採集。受外界因素的影響，望天樹天然發芽並成長為樹十分困難，因此其野外分佈的數量十分稀少，範圍極其狹窄，現已被列為國家一級保護植物。

1. 西雙版納的望天樹林
2. 望天樹枝葉
3. 望天樹小苗

愛「脫衣」的樹
Paper-bark Tree

　　俗話說「人要臉，樹要皮」，樹皮對於樹而言，是非常重要的組成，甚至關乎性命，因而又有「人怕傷心，樹怕傷皮」的說法。原來植物的營養運輸全靠樹皮，如果失去樹皮這條生命通道，樹就會彈盡糧絕，衰弱死去。

　　但大自然就是這麼神奇，偏偏有這麼一種不想要皮的樹──白千層。當然那也是因為它的家底雄厚，有著千層萬層脫也脫不完的樹皮！每年白千層的木栓形成層都會向外長出新皮，並把老樹皮推擠出來，經年累月，樹幹「衣衫襤褸」，老樹皮垂掛在外，似要剝落。黃褐色或淺褐白色的樹皮，薄薄的，疏鬆如海綿質，可以一層層剝下來，能在上面寫字。白千層的花也是很奇特的，如一個個白色的「瓶刷子」，開在高高的枝端。

　　白千層屬於「新衣舊衣一起穿」，然而更常見的脫皮樹，則是「去舊迎新」，舊的樹皮往往會在短時間裡脫去，換成漂亮的新樹皮，如檸檬桉、脫皮樹（西藏山茉莉）、紫薇、白皮松、樺樹、法國梧桐、榔榆等種類。

白千層
Melaleuca cajuputi subsp. *cumingiana*

又稱白瓶刷子樹、剝皮樹、紙皮樹，桃金孃科（*Myrtaceae*）白千層屬的多年生喬木。它原產於澳洲，在中國南方生長迅速，是行道樹，也是防風樹種。其樹皮具有安神鎮靜的功效，鮮葉可以提取香料油（玉樹油），用於製作衛生消毒用品，也可提取桉樹腦，用於配製多種藥膏，有祛風止痛的功效。

這些熱愛「脫衣」的樹，是如何做到毫髮無傷的呢？原來樹皮分兩層，靠裡面的一層是負責運輸養料的管道——篩管，而外面一層主要起保護作用，像人穿的衣服，隨著樹幹不斷增粗，衣服越來越小，就會撐破，出現裂紋，最後脫落。這一層皮脫落，並不會影響樹的生長。

樹木的新陳代謝使得細胞不斷地分裂，新的細胞在不斷形成的同時，老化的細胞也在不斷地凋亡，而在植物的生長期，新生細胞的速度總大於凋亡細胞的速度。所以樹木掉皮的自然過程，其實就如同人會掉頭屑一樣，只是把死亡的細胞脫掉。如檸檬桉的新皮能直接把外面的撐破，然後脫落，最後露出筆直光潔如電線杆般的樹幹。因而檸檬桉也被戲稱為「電線杆樹」。

1

1. 白千層的花／鄧新華 攝

這些樹木脫皮是它們自然生長的結果，是正常的新陳代謝現象。在正常的脫皮過程中，樹幹會變得粗壯起來。當然，除了上述的自然現象，也有一些不利的因素會造成樹木的異常脫皮，例如環境污染、病蟲危害等。

檸檬桉
Eucalyptus citriodora

原產於澳洲的沿海熱帶亞熱帶地區。據研究，檸檬桉最高可達 25 公尺，年生長高度可達 1-2 公尺。尤其在青少年期（前 15 年）生長最為迅猛。桉樹具有多種經濟價值，其材質堅韌耐腐，是良好的木材。其枝葉散發著檸檬芳香，具有驅蚊的作用。葉子可提煉桉葉油，桉葉油是醫藥工業和香料用油的原料，用途廣泛。

白千層的
花與果。

| 1 |
| 2 |

1. 檸檬桉／彭彩霞 攝
2. 白千層的樹皮／鄧新華 攝

猢猻樹的自述

Baobab Tree: Upside Down

凡是讀過法國作家安東尼·聖修伯里的童話《小王子》的朋友們肯定知道我，因為他在書裡是這樣寫我的：如果你不及時拔掉猢猻樹的幼苗，那它長大後將成為整個星球的災難。其實我並沒有那麼可怕。

聽我爺爺的爺爺講，我們猢猻樹以前生長在天神的花園裡，但是天神不喜歡我們，就把我們連根拔起，扔到終年炎熱，生存環境十分惡劣的非洲草原，讓我們根鬚朝天，不再接觸一丁點的水分。在非洲大陸的演變過程中，很多同類來到這裡又在這裡絕跡。只有我們的祖先對這片土地不離不棄，憑著頑強的毅力生存下來，並且成了現在「倒栽蔥」的樣子。

其實，除了非洲草原，馬達加斯加、澳州北部也有我們的身影。我們的家族共有 8 個成員。但不管我們生長在哪裡，本質都不會變——樹幹雖然很粗，但木質非常疏鬆，可謂外強中乾，表硬裡軟。這如海綿一樣的木質最利於儲水。每當雨季

1. 猢猻樹的樹枝
2. 猢猻樹的樹幹

獼猴樹的花
與果實。

來臨時,我們便忙著利用鬆軟的木質,拼命地吸水,貯存在樹幹內。此時的我們完全不是用根系吸水,而是用水桶般的身軀勤勞地儲存水分。因為忙過這一季,我們就能平穩地度過整個旱季。不僅如此,每當旱季來臨,為了減少水分的損耗,我們還會迅速落光身上的葉子,以保存生命,這就是我們生存的獨門絕技。

在寂寞的非洲草原,我能形成自己獨立的生態系統,能為每一個來到我身邊的生物提供生計所需,所以我很快樂。這其中包括陸地上最大的哺乳動物,也包括穿梭於樹縫間數以千計的微小生物。我喜歡小鳥在我的枝枒間築巢,狒狒摘取我的果實,夜猴和花蝠吸食我的花蜜。當然它們也為我傳花授粉,將我的種子散播至更遠的地方,我和它們都是好朋友。説到我討厭的動物,倒還真有一個,那就是大象。有時候它太貪吃,會把我整個推倒,連樹皮都啃掉。

也許是因為我們外貌奇特、年高長的緣故,人們總愛稱我們為「樹怪」「樹聖」。也許因為在我們身上有大量的不解之謎,讓我們的家族成為無數神話和傳説的故事主角,籠罩上濃重的神秘色彩。你看博物學家是怎麼説我們的:「由於樹幹膨大,當它落葉後光禿而憔悴地站在那裡,仿佛中風病人伸展開臃腫的手指。」再看看探險家的描寫更可氣:「半獸半人一樣的樹,像

獼猴樹

Adansonia digitata

是木棉科的高大落葉喬木,高可達 30 公尺,樹冠緊密,胸徑可達 12 公尺。樹幹形狀多樣:有瓶狀的、錐狀的、圓柱形的或不規則的,樹皮光滑。木材鬆軟,富含纖維。果實巨大,形似麵包,是猴子、狒狒、大象等動物喜歡的美味。全世界共有 8 種,主要分佈在非洲,澳大利亞也有 1 種。種類與生長環境相關,有些生長在半乾旱荒漠地帶,有些則生長在乾旱或濕潤的森林裡。獼猴樹較易培植,可盆栽及室內種植。中國的華南植物園 2008 年引種兩株種植於溫室群景區,目前長勢一般。

個頭披白髮、腦袋斜歪而且挺著大肚皮的老妖怪，皮如犀牛，無數細枝恰似手指緊緊抓住天空。」這些我們都忍了。人們曾經把我祖輩的軀體當「窯洞」，住人、放雜物、當車庫，甚至用作酒吧、監獄。更過分的是，據說 15 世紀有個葡萄牙航海家領船隊抵達時，曾用我們的身體做彈藥庫呢。

　　我們曾為很多在熱帶草原上乾渴的旅行者提供救命之水，因此被稱為「生命之樹」。但是在馬達加斯加，我的很多兄弟姐妹卻被島上的人們砍伐，造成了很大的破壞，這種情況仍在持續。我們非常擔憂還能否在地球上好好地生存下去。希望人類能學會好好珍愛我們，讓我們繼續在這個星球上繁榮地生長。誰不希望有一棵猢猻樹長在自家的後花園裡或者學校的操場旁邊呢？這樣的話，大家就可以在樹下讀書、嬉戲。請珍愛我們，和我們成為朋友吧！

猢猻樹

佛祖的智慧 —— 珊瑚油桐

The Veritable Buddha Belly Tree

　　佛祖之所以為世人所推崇，原因之一是他有好生之德，大肚能容天下難容之事。

　　來自中美洲的珊瑚油桐，因為長有酷似彌勒佛的肚子一樣的膨大莖部而得名。不過它之所以有大肚子，卻是為了度過漫長的乾旱季節。這種長在沙漠或乾旱地區裡的灌木，靠著儲存在膨大莖部的水分，得以在惡劣的環境下開花結果。物競天擇，珊瑚油桐又何嘗不是經過了進化歷程中的種種磨難，最終將自己修煉為自然界中一道獨特又生機盎然的風景，這是否也算修行呢？

　　除了形似佛肚，珊瑚油桐也有好生之德，它的屬名 *Jatropha* 的拉丁文含義就是「醫生的食物」。珊瑚油桐全株皆可入藥，具有清熱解毒、消腫止痛的功效，其根可治療毒蛇咬傷。它含有豐富的萜類成分，其中

1	2

1. 珊瑚油桐花
2. 珊瑚油桐莖

一些二萜類化合物具有抗菌、抗腫瘤、抗癌等活性，因此該植物成為植物化學研究的熱點。

　　珊瑚油桐（*Jatropha podagrica*），是大戟科（*Euphorbiaceae*）麻瘋樹屬的多肉落葉小灌木，原產中美洲西印度群島等陽光充足的熱帶地區。它的莖皮粗糙，常外翻剝落，大大的綠色葉子像個盾牌，常常 6-8 片簇擁著長在枝頭。花開時，如同一把小傘，紅色的小分枝像珊瑚一樣，所以大家又親切地喊它珊瑚油桐、玉樹珊瑚。它的花瓣為橘紅色，橢圓形的果實成熟後會炸裂開，黑褐色的種子得以散落各處。

　　珊瑚油桐不僅株形奇特，而且一年四季開花不斷，生性強健，容易栽培，因此成為優良的室內盆栽花卉，在南方的溫暖地區也可以在戶外栽培。需要注意的是珊瑚油桐作為大戟科植物，其植株含有毒的白色汁液，大家不要攀折和誤食。

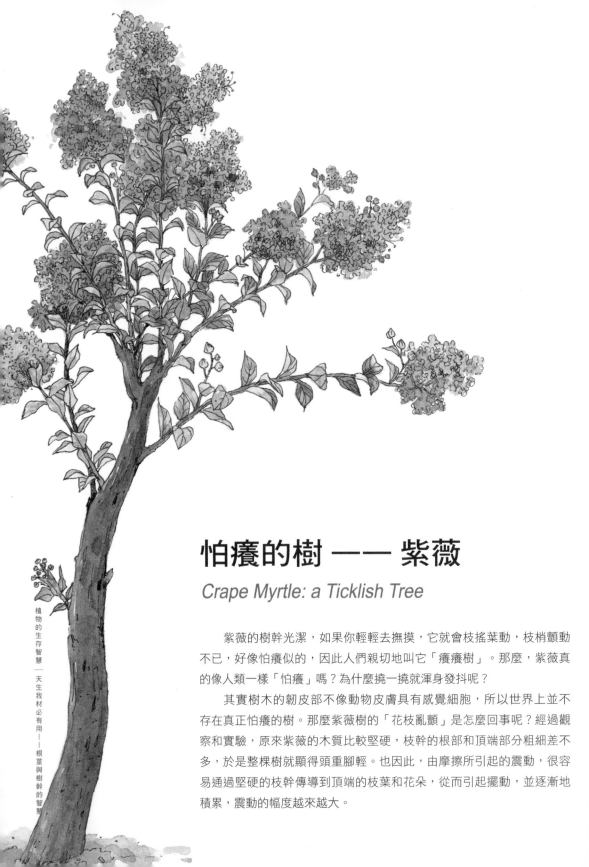

怕癢的樹 —— 紫薇

Crape Myrtle: a Ticklish Tree

紫薇的樹幹光潔，如果你輕輕去撫摸，它就會枝搖葉動，枝梢顫動不已，好像怕癢似的，因此人們親切地叫它「癢癢樹」。那麼，紫薇真的像人類一樣「怕癢」嗎？為什麼撓一撓就渾身發抖呢？

其實樹木的韌皮部不像動物皮膚具有感覺細胞，所以世界上並不存在真正怕癢的樹。那麼紫薇樹的「花枝亂顫」是怎麼回事呢？經過觀察和實驗，原來紫薇的木質比較堅硬，枝幹的根部和頂端部分粗細差不多，於是整棵樹就顯得頭重腳輕。也因此，由摩擦所引起的震動，很容易通過堅硬的枝幹傳導到頂端的枝葉和花朵，從而引起擺動，並逐漸地積累，震動的幅度越來越大。

紫薇的花
與果實。

紫薇
Lagerstroemia indica

千屈菜科（*Lythraceae*）紫薇屬，落葉小喬木。花瓣邊緣皺縮，雄蕊多數，原產於熱帶亞洲，喜溫暖氣候，耐熱，有一定的抗寒性，喜中性偏酸土壤。紫薇的枝條萌芽力強，柔軟性和易癒合性好，是園林桑景和製作盆景的好材料。它的根、種子、葉均可入藥。

　　古人也把紫薇樹叫作「猴郎達樹」，在中國北方也有人稱之為「猴刺脱」，那是形容紫薇的樹身光滑，好像沒有皮似的，連猴子都爬不上去。幼年的紫薇，樹幹上的表皮年年長、年年脫，脫落以後，樹幹顯得新鮮而光滑。年老的紫薇，則不再長表皮，樹幹為淺褐色，枝幹多扭曲。

　　「盛夏綠遮眼，此花紅滿堂。」紫薇的花盛開於夏秋之間，花期很長，花的顏色有紅、紫、白、粉等色，因古人認為紫色為正色，故取名紫薇。

植物的生存智慧｜天生我材必有用──根莖與樹幹的智慧

紫薇花曾經是唐宋時期皇宮內最愛種植的花卉之一。唐開元元年，朝廷將中書省改稱紫微省，因中書省官署內種了許多紫薇，故亦稱「紫薇省」。詩人白居易曾做過中書舍人（文秘一類職務），因此自稱「紫微郎」「紫微翁」，曾留下「紫薇花對紫微翁，名目雖同貌不同」「獨坐黃昏誰是伴，紫薇花對紫微郎」等詠頌紫薇花的詩句。這些被詩人鍾愛的紫薇花不僅美，而且壽命還很長，至今蘇州、昆明、成都等地留存有數百年甚至上千年的紫薇老樹。

1. 紫薇／鄧新華 攝
2. 紫薇的樹幹
3-4. 紫薇的花／鄧新華 攝

天然飲水機 —— 旅人蕉

Natural Water Dispenser
—— the Travller's Tree

朋友，歡迎來到我的家鄉馬達加斯加，這裡的熱帶雨林是非洲僅存的三大熱帶雨林之一。走在這座植物王國裡，如果你感到口渴，而碰巧身邊水又喝光了，不用愁，只要找到一種像孔雀開屏似的高大植物，葉子如巨大的芭蕉葉，那就是美麗又樂於助人的我。

我不僅可為你遮擋烈日強光，還是你的天然飲水站。在我粗大的葉柄裡，貯存著清涼的水，只要你用刀砍下我一片

1. 旅人蕉 / 鄧新華 攝
2. 旅人蕉種子擁有明豔的藍色假種皮，可吸引狐猴來取食並傳播種子 / 葉育石 攝
3. 旅人蕉的葉柄 / 鄧新華 攝

旅人蕉
Ravenala madagascariensis

是鶴望蘭科（*Strelitziaceae*）旅人蕉屬植物。它又名扇芭蕉，作為多年生常綠植物，高大挺拔，貌似樹木，葉片碩大奇異，左右排列，對稱均勻，花序生於葉腋，遠比葉短。現廣泛種植在全世界的熱帶地區。它的蒴果木質，種子多數有著妖豔的藍色流蘇狀的假種皮。

葉子，就可以暢飲一番了。我的老葉鞘流出的水較清澈，而嫩葉鞘的水則略渾濁，水質偏酸性，pH 值（酸鹼度）大概在 3.8-3.9 之間。同時，成熟葉片所儲存的水也遠比新葉多。

我的家鄉有乾濕兩季，在高濕的雨季裡，我拼命吸收大量水分。我的葉片長在莖上，排成兩列如折扇。我的葉柄較長，兩側突起，向內形成凹槽。下雨時，雨水就能沿著葉柄流入凹槽內。由於葉柄下部寬大，排列緊密，嚴絲無縫，因而雨水只進不出，滴水不漏，妥妥地被貯存到葉鞘裡。

而且我的葉柄不僅有著光滑的表皮，還被有一層蠟質皮粉，可以有效地防止水分蒸發，提高我自身的抗旱能力。這種高超的貯水技巧，使我在乾旱的日子裡也不至於渴死，能夠安然度過困難時期。在旱季，之前所儲存的水，能慢慢地通過我的表皮細胞滲透到體內，維持我的基本需求，幫我熬過難關。

每年的 3-9 月是旱季，馬達加斯加幾乎滴水不落，因為我身體內所保存的水分可以供 2-3 位成年人飲用，大家都親切地稱我為「旅行家樹」「水樹」「救命之樹」，還把我推舉為馬達加斯加的國樹。

在原產地馬達加斯加，旅人蕉依靠「好朋友」狐猴來授粉。

2

葉落而知秋

—— 葉片的智慧

&

Autumn Is Known by
the Drop of a Leaf
—— Wisdom of Leaves

保持乾爽的秘訣
—— 滴水的葉尖

The Secret of Keeping Dry
—— Drip-tip

菩提樹樹葉長長
的葉尖易於排
水，是保持乾爽
的秘訣哦！

在風和日麗的早晨，當你步入神秘的熱帶雨林時，會感覺到似乎有滴滴答答的小雨點從天上灑落下來。仔細觀察，你就知道這不是下雨，這些零星的雨點是從熱帶雨林中一些下層樹木的葉片上流淌下來的。這些葉子的尖端，常常延伸成尾巴的樣子，水滴從葉面彙集，再流向葉尖，最後流到地上。我們稱這種現象為「滴水葉尖」。

地球環境多樣，生活在地球上的生物確實需要很大的智慧來按照自己的需求去適應環境。一些植物想方設法減少水分的流失，而一些植物為了保持乾爽，努力排水。「滴水葉尖」就是植物排除多餘水分的一種辦法。擁有滴水葉尖的植物，通常生活在熱帶雨林裡。最為典型的是菩提樹（*Ficus religiosa*）的葉子，其尾狀葉尖長達數公分。還有很多天南星科的植物也具有這明顯的特徵，例如有著大葉片的姑婆芋（*Alocasia odora*），要是沒有了葉尖的排水，那它可能會被雨林裡的水淹沒，因此海芋也被稱為「滴水觀音」；還有尖尾姑婆芋（*A. cucullata*），長長的葉尖就是為排水而生。

　　滴水葉尖的形成與高溫多雨的生態環境有關。熱帶雨林的內部非常潮濕，空氣中的水汽和隨時發生的降雨，常在葉片的表面結成一層水膜；溫暖潮濕的空氣、水分充足的土壤，也容易使喝飽了水的葉子在進行呼吸時生成水汽，在葉子表面凝聚成水滴。滴水葉尖能引導葉片表面的水膜集聚成水滴流淌掉，又避免被一些微小生物如菌類、地衣、苔蘚、藻類等侵襲和覆蓋，妨礙植物的光合作用；也便於沖掉附著在葉面上的植物孢子、幼蟲、蟲卵和其他可溶性物質，減少病蟲害。

含羞草並不怕羞

Mimosa Is Not Shy

含羞草葉子閉合的
過程。

　　説起趣味植物，有一種您一定不會陌生，它有羽毛一樣的葉子，並且帶著小刺，盛開時有粉色絨球狀的花兒。

　　這就是含羞草（*Mimosa pudica*），它的拉丁文種小名 *pudica* 也是怕羞退縮的意思。其實這種小草並不產自中國，而是來自遙遠的熱帶美洲，不過由於它受到各地人們的喜愛，已經被引種到了全世界並在野外歸化，成為了泛熱帶分佈的物種。所以含羞草在中國南方許多省份的野外也可以找到。

　　含羞草之所以好玩，是由於它能感知外界。每當人們碰它一下，它都會怕羞地合上葉子，甚至整個葉片都垂下頭來，幾分鐘後又可慢慢恢復原狀。我們知道植物和動物不一樣，沒有神經系統，沒有肌肉，它不會感知外界的刺激，而含羞草似乎是個例外。這是為什麼呢？原來含羞草的小葉和葉柄的基部有一些叫做「葉枕」的結構，

1. 含羞草的果實
2. 含羞草的花
3. 含羞草

含羞草全株帶刺，
花像粉色小絨球。

裡面是薄壁細胞，平時這些細胞水分飽滿，靠水的壓力撐起葉子；一旦遇到外來刺激，含羞草莖的一些區域會迅速釋放大量化學物質，葉枕的薄壁細胞會在滲透壓的作用下迅速失水，於是葉子就耷拉下來了。但是，如果我們連續不斷地逗弄它，去刺激它的葉子，它就產生「厭煩」之感，不再發生任何反應。這是因為連續的刺激使得葉枕細胞內的細胞液流失了，不能及時得到補充的緣故。所以含羞草並不是因為含羞而低下了頭。

含羞草的這種特殊本領，是有成因的。它的老家在南美洲的巴西，那裡常有大風大雨。當第一滴雨打著葉子時，它立即閉合葉片，葉柄下垂，以躲避狂風暴雨對它的傷害。這是它適應外界環境變化的一種反應。另外，含羞草的運動也可以看作是一種自衛方式，動物稍一碰它，它就合攏葉子，動物也就不敢再吃它了。若蟲子落在它身上，葉子一動，就能將它抖落。

捕蠅草之策
Venus Flytrap

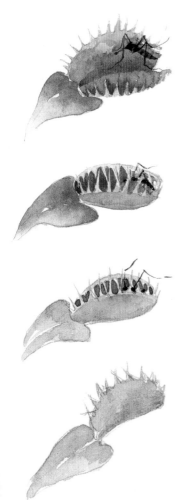

捕蠅草的捕蠅
過程。

　　曾經在食蟲植物種植區，看到過這樣一幕：一隻莽撞的飛蟲被地面上花蜜般的香氣所吸引，香氣是由一株捕蠅草（*Dionaea muscipula*）所發出的，它有著鮮紅色蚌殼狀的捕蟲器。飛蟲降落在葉片上，小酌一口葉子分泌出的甘甜汁液，用腿在葉面一根細小的感覺毛（生長在捕蟲器裡面的細毛，類似小刺，蚌殼狀的捕蟲器，一邊通常長著 3-5 根剛毛，這就是它的觸發器，也稱之為剛毛）上蹭了蹭，然後在另一根感覺毛上又蹭了一下。突然間，捕蟲器向中間合攏，飛蟲如被禁錮在圍牆之中，待飛蟲感到情況不妙時，捕蟲器邊緣上的刺狀結構已經像捕獸夾的利齒一樣咬合起來。飛蟲就這樣被關在「蚌殼」裡了。此時，葉面停止供應蜜液，開始釋放消化酶，侵蝕飛蟲的軟組織，將其逐漸變成黏稠狀物體。這飛蟲經歷了身為動物最傷自尊的事：被一棵植物取了小命。

　　為什麼捕蠅草能用極快的速度關閉捕蟲器呢？科學家曾用水滴做實驗，然而捕蠅草卻對水滴視而不見，即便是從極高的地方落下的水滴。如今，有了高科技手段的幫助，生物學家開始瞭解

這些植物狩獵、進食和消化的方式。經過
多年研究，科學家破解了捕蠅草的秘密：
捕蟲器上的六根感覺毛是關鍵。當昆蟲蹭
上捕蠅草葉子的一根感覺毛時，這動作就
產生電荷，電荷在葉面組織內聚集，導致
兩片蚌殼狀的捕蟲器不斷向上鼓起，好像
在展示自己的蜜腺，其實它已經開始為捉
蟲積聚能量了，但還不足以激發其閉合，
如此一來就可避免捕蠅草對雨滴之類的假
警報發生反應。而運動中的飛蟲則很有可
能再次觸動另一根感覺毛，從而使其能量

捕蠅草的每個捕蟲器
只能捉蟲3至4次。

裘蒂絲瓶子草　　　　　　豬籠草

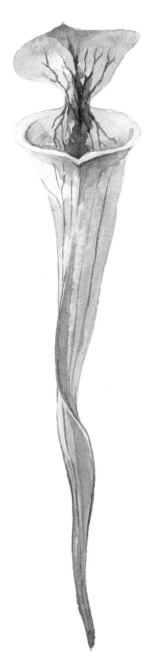

紅頸瓶子草

劇增，捕蟲器像老鼠夾被制動了開關一樣，迅速地關閉。

　　全世界的食蟲植物約有 700 種，其中許多都採用引誘而非守株待兔的捕食方式。它們不似捕蠅草那般有名，分佈也較普遍，但詭異程度卻毫不遜色。紫瓶子草（Sarracenia purpurea），長著形似酒杯般的葉子，瓶口光滑，如果昆蟲失足跌入葉中，便會命喪黃泉；毛氈苔（Drosera peltata），用黏乎乎的腺毛把蟲子擁入懷中；水塘和溪流中還生長著狸藻（Utricularia vulgaris），吸食獵物好似水下吸塵器；而豬籠草（Nepenthes mirabilis）則用甜甜的蜜汁設下陷阱，吸引蟲子走上死亡之路。

我家有口大水池 —— 鳳梨
I Have a Big Pool—— Bromeliads

　　人們總喜歡在自家門口種上一棵樹，栽上一叢花，來裝飾家門。而大部分鳳梨科植物則用水池來裝飾自己的家。不管在陰暗的朽木裡，還是在高高的樹冠上，抑或在偏遠的石壁上，它們把家安在哪裡，水池就帶到哪裡，樂此不疲，從不擔心把家弄得濕漉漉。這是為什麼呢？

　　這要從鳳梨的身世說起。鳳梨的祖先最初生活在美洲的熱帶、亞熱帶地區，常常居無定所，靠依附於樹幹、腐木或石壁上過日子。漸漸地，鳳梨擺脫了對土壤的依賴，通常把自己放在高高的位置上。大家都知道，雨林高處有充足的陽光，因為遠離地面，它們肆無忌憚地在上面玩起築池、蓄水的把戲，最後竟然把這些小把戲變成營生的手段。當然，它們的生活與地面上生活的植物也就截然不同。在其生活的熱帶雨林，每天都下雨，雨水最是充足。於是聰明的鳳梨注意到

彩葉鳳梨栽培種

這種免費的資源，發揮其葉片寬大的優勢，把雨水導入家裡儲存起來，慢慢地，鳳梨基部的葉片緊密地疊在一起，形成一個滴水不漏的中心水池。這個水池當然不只用來裝飾家門，它首先解決了鳳梨的飲水問題，也為很多生物提供了水源。那個水池就像一個小小的會所。小青蛙、蚊子、毛蟲⋯⋯渴了就喝一口，累了就歇一歇。有趣的是，還有不少生物乾脆就把鳳梨的水池當作自己永久居住的家園。否則，單靠自己，這些小生物可沒法在這樣的高處生存。

　　在野外，我們能在這些小水池裡，發現很多不同種類的生物。據調查，生活在雨林的秘魯箭毒蛙，一家老小，一生都生活在鳳梨的水池裡。確實，在高高的樹冠上，這樣的水池是個很不錯的家。這裡不僅安全，還有現成的食物。當然鳳梨也不會做賠本的生意，它會從它的房客那裡收取些回報──住客的糞便、殘骸，這些可都是富含養分的肥料，足以養家度日了。

　　根據不同鳳梨家族的特點，其水池的大小形狀還不一樣。擎天鳳梨屬（*Guzmania*）家的水池通常呈長筒狀，因為要挪出一些地方給鮮豔花序伸展，所以面積小一些；小鳳梨屬（*Cryptanthus*）家因為葉基短平，築成的池牆就比較矮，水池當然也很淺，更像一個圓盤；而蜻蜓鳳梨屬（*Aechmea*）的水池簡直是密不漏風，劍形的週邊形成杯狀，通常還「粉刷」一番，顯得更為雅觀。還有一種鳳梨簡直把蓄水工程當作一生的事業，那就是紅筆鳳梨（*Billbergia pyramidalis*），隨著葉子的增長，基部不斷相互抱合，使植株中心的池子逐漸加高加密，甚至有部分花朵可以在水池裡洗澡，紅筆鳳梨也因此而得名。

1	
	2

1. 紅筆鳳梨
2. 彩葉鳳梨栽培種

先花後葉為哪般 —— 木棉

Why Trees Bloom Before Leaves Unfold

　　廣州的市花是木棉，每年的春天，這種沒有葉子，滿樹紅彤彤的花兒盛開時，非常壯觀，明媚了廣州的半個天空。那麼木棉的葉子哪裡去了呢？別急，待到花謝了，葉子就慢慢長出來了。這種現象叫做先花後葉，雖然我們平常看到的大多數花木都是先長葉，再開花，但也有少數花木和木棉一樣，是先花後葉，這是為什麼呢？

　　長期物候觀測資料的研究表明，先花後葉植物的葉芽和花芽需冷量幾乎相同，所以需熱量的差異才是導致植物先花後葉的主要原因。

　　一般來說，春天開花的植物，它們的葉和花的各部分，都在頭年秋天就已長成，並包在芽裡。到了第二年春天，氣溫逐漸升高，各部分的細胞很快分裂生長起來，花和葉就伸展開來，露在芽外面，形成開花長葉的現象。那些先長葉後開花的植物，葉芽生長所需要的溫度比較低，初春的溫度已經滿足它生長的需要，所以它就長出葉子來。

木棉，紅色肉質的花，綻放於南方早春時節，熱烈壯美。

| 1 | 2 |

1. 木棉的花
2. 木棉的果實

　　而那些先開花後長葉的植物卻相反。它們的花芽生長所需要的溫度比較低，而葉芽要求的溫度比較高。花芽長大開花後，葉芽還在潛伏著，要等到溫度進一步升高才能長出葉片來。由此可見，這主要是由花芽或葉芽對生長溫度的要求不同所決定的。有意思的是，據觀測，在乾熱地區，木棉是先花後葉；但在季雨林（熱帶季風氣候下的植被）或雨林氣候條件下，則有花葉同時存在的現象。

　　此外，我們熟悉的梅花、迎春、蠟梅、玉蘭等花卉，都是先開花後長葉的。掌握了先花後葉的花木習性，花芽形成過程中注意肥水管理，就能使花朵開放得大而鮮豔。

木棉
Bombax ceiba

原產於亞洲、大洋州的熱帶地區，是亞洲熱帶地區季雨林和稀樹草原的一個常見特徵種。它是木棉科（*Bombacaceae*）落葉大喬木，樹高達 30-40 公尺。每花 5 瓣，肉質，顏色有橙紅、深紅、黃色等。在廣州，木棉的花期一般是 2-4 月，因此在嶺南地區，民間有「紅棉開，春暖來」的民諺。

木棉在廣州的栽培歷史已有 2 千年以上。在漢初南越王趙佗時期，木棉已有記載，並有烽火樹之稱。而早在 1930 年，廣州就定木棉花為市花，在 1982 年，再次選定它為市花。木棉花還有個別稱叫攀枝花，這是因為花朵直接開在枝幹上，高高擎起，如同燃燒的火焰。在四川省西南邊陲的川滇交界處有一座城市，因為市區到處生長著高大挺拔的攀枝花樹，而得名攀枝花市。

木棉花可入藥。在南方，人們將木棉花曬乾後用於煲湯，有祛濕功效，它也是五花茶等涼茶的配料之一。而在印度北部，木棉花曬乾後還作為湯粉的調味料，或用作咖哩調料。此外，中國南方民間還用蒴果內的棉毛做枕芯、褥芯和救生衣。

會開花的石頭 —— 石頭玉

The "Stone" That Can Blossom

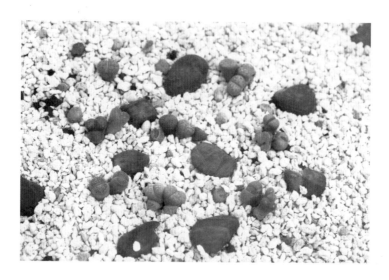

1

1. 石頭玉

　　多肉家族裡，有很多可愛的小東西，其中有一類很特別，長得就像一顆顆拇指般大小的石頭，它們有個很貼切的名字：石頭玉。因為無論植株形狀、大小，還是色澤都像極了荒漠中的小石頭。那麼這些小傢伙們沒事裝扮成石頭幹嘛呢？

　　原來這些小而多汁的石頭玉，常常生長於山頂或平原的岩床裂隙或礫石土中。在乾旱的季節裡，植株萎縮，隱匿於礫石沙土之中，或只露出個小腦袋。它們高超的隱身術，成功地幫它們躲過了食草動物們的獵食。等到雨季來臨時，它們會快速恢復原樣並長大，開花結果繁殖後代。所以，如果不是在雨季——它們開花的時候，這些躲在礫石中的小傢伙們是很難被發現的。

　　石頭玉善於模仿周圍石頭的顏色和外觀，除了保護自己免於被吃掉，石頭一樣球體狀的外形也有助於抵抗脫水。

石頭玉，渡夏溫度應保持在 20℃-25℃ 為宜。

石頭玉
Lithops

石頭玉是番杏科（*Aizoaceae*）屬植物的泛稱，約 80 種，原產南非和奈米比亞乾旱地區。屬名 *Lithops* 源於希臘文，其中 litho 意為石頭，opsis 意為外觀，也就是外觀像石頭的意思。

作為多年生植物，石頭玉那酷似石頭的植株，其實是兩片肥厚多汁的葉片。春季當老葉枯萎，會長出一對新葉，到晚春或初夏，石頭玉進入休眠期。秋季，3-4 年生的石頭玉，會從對生葉的縫隙中，開出黃、白、紅、粉、紫等各色花朵，明豔動人。花在午後開放，傍晚閉合，次日又開，單朵花可開 4-6 天。開花時，石頭玉的花朵幾乎能蓋住整個植株，非常嬌美。花謝後會結出黃褐色的果實，種莢呈半球形，五瓣，乾且硬，不易打開，裡面孕育著非常細小的種子，它們默默等待著雨季的來臨。當雨滴落在種莢上時，種莢就會打開並準備釋放種子。直到有足夠雨水降臨時，種子們就會紛紛迸出來，尋找合適的土壤，長成一顆顆新的石頭玉，生生不息。

九死回魂草 —— 卷柏

Desiccation-Tolerant Fern

　　一種既不開花也不結果的蕨類植物，生長在裸露的岩石或懸崖峭壁的縫隙中，有著較強的止血療效，並且它還有一種神奇的本領，能多次起死回生，這就是被叫做回陽草、長生草、九死回魂草的卷柏（*Selaginella tamariscina*），在臺灣又被稱為萬年松。

　　那麼，卷柏老兄是如何在這麼惡劣的環境裡活下去的呢，又是經歷了怎樣的九死一生呢？原來在乾旱少雨的季節裡，為避免自己的水分被蒸發走，卷柏的葉子會慢慢變成小小的鱗片狀，密密地覆蓋在扁平分叉的小枝上。而原本四處伸展的小枝，紛紛向內卷成拳頭狀。這樣被太陽曬到的面積就很小，水分不容易蒸發掉，同時也能把植物幼嫩部分包起來，免遭太陽的毒辣照射。

卷柏
Selaginella tamariscina

卷柏（*Selaginella tamariscina*）為卷柏科卷柏屬的多年生草本植物，卷柏屬植物全世界約有 700 種，中國約有 60-70 種。卷柏的枝葉因為酷似柏樹而得名。它在中國廣泛分佈，不僅用於觀賞，還有活血散瘀的藥用功能。

卷柏缺水時的捲縮狀態。

卷柏吸收水分後的舒展狀態。

如果長時間沒水喝，它那綠色的小枝就會慢慢枯黃萎蔫，如同已經乾枯死掉。其實它是「假死」，一旦等到雨水的滋潤，捲縮的葉子又會重新展開，漸漸「復活」，繼續生長變綠。

三番五次的「死」而復生，生而又「死」，卷柏用它頑強的生命力，抵抗住曲折的、生生死死的艱難歷程。據科學家測試，即使卷柏體內含水量僅為5%時，仍具有「死而復生」的能力。它能伸能屈，堪稱植物界的抗旱能手。

在艱難的日子裡，減少各類消耗，低調保存實力；在有水滋潤的日子，快速生長起來，卷柏靠的是自身調節。原來在與乾旱的持久戰中，卷柏體內海藻糖含量持續偏高，成為乾旱和復水階段可溶性糖的主要成分。它還會調動全身的機能，來應對惡劣的自然環境。目前普遍認為，在乾旱條件下，能夠誘發全部組織水準的應對。不僅涉及形態學水準的變化調整，還包括細胞水準的應對，如膜系統的調整、細胞壁結構的變化與修飾以及細胞迴圈與細胞分裂的變化。

卷柏還有一位來自美洲的兄弟——鱗葉卷柏（*S. lepidophylla*），它有一個特別的本領，每當遇上乾旱，全身卷成一個小球，等待風兒帶它逃跑。遇到合適有水的地方，再重新紮根伸展，可以說是植物界裡的旅行家。

美洲合歡，
花似紅絨球。

夜晚睡覺的植物們

The Night Sleepers

　　靜謐的夜晚，大粉撲花（又名美洲合歡，*Calliandra haematocephala*）的葉子，會一片片相疊，猶如手搭著手，看不到縫隙，像是睡著了似的。而到了喧嘩的白天，它的葉子又會猶如睡醒般伸著懶腰，高高挺起，張開。除了大粉撲花，南方常見的酢漿草（四葉草）、蔓花生等豆

科植物，到了夜晚，葉子也會像雨傘一樣向下收起。植物學家們把這種現象叫做「睡眠運動」或「感夜運動」。

不僅植物的葉子有睡眠要求，有些花朵也有睡眠現象，如朝開夜合的睡蓮花。那麼，植物為什麼需要睡眠呢？

原來，夜晚比白天冷，夜晚閉合葉子和花朵，可以避免寒露和霜凍的侵襲。科學家通過在夜間對多種植物的葉片進行溫度測量和比較，發現沒有睡眠運動的葉子溫度總比有睡眠運動的葉子溫度要低

1. 大粉撲花的葉子（傍晚）
/ 鄧新華 攝
2. 大粉撲花的葉子（早上）
/ 鄧新華 攝

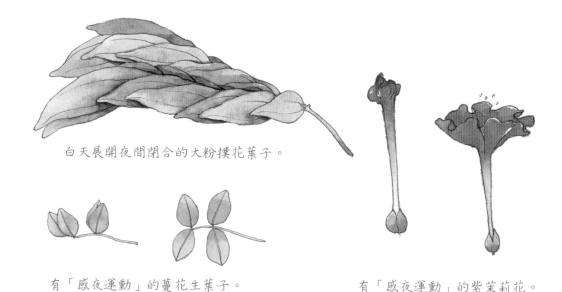

白天展開夜間閉合的大粉撲花葉子。

有「感夜運動」的蔓花生葉子。

有「感夜運動」的紫茉莉花。

1℃ 左右。科學家由此推測，在相同的環境中，能進行睡眠運動的植物生長速度較快，並具有更強的生存競爭能力。此外，閉合還可減少水分的蒸發，以適當保持濕度。

除了晚上休息，有些植物也有午睡習慣，大概在上午 11 點到下午 2 點左右，這些植物的葉子氣孔會關閉，從而可以明顯地降低光合作用。原來在長期進化過程中，植物為了應對乾燥和炎熱的大氣環境，減少水分的流失，逐漸形成了一種抗衡乾旱的能力，以便在不良環境下生存。

當然，也有部分植物的睡眠運動並不受溫度和光強度的控制，而是由葉柄基部中一些細胞的膨壓變化引起的。白天，葉基部上側細胞吸水，膨壓增大，小葉平展；而晚上，上側細胞失水，膨壓降低，小葉上舉。例如合歡樹，葉子不僅僅在夜晚關閉睡眠，當遭遇大風大雨時，也會逐漸合攏，以防柔嫩的葉片受到暴風雨的摧殘。這種保護性的反應，正是對環境的一種適應。

總而言之，植物睡眠與人和動物睡眠一樣，都是一種自我保護本領，是為了更好的生存和發展。

綠珊瑚的喜與憂

The Pensil Tree's Joy and Worry

在人們的印象裡，所有的植物似乎都是有葉子的，其實不然，綠珊瑚（*Euphorbia tirucalli*），中國稱光棍樹，它就是個例外。最初知道綠珊瑚緣於它獨特的名字。我們知道葉子作為植物光合作用的主要場所，是植物非常重要的營養器官。而綠珊瑚卻可以棄之而獨善其身，到底有什麼樣的法寶呢？

如果我們到華南植物園的沙生植物區走一走，就可以和綠珊瑚相逢。它的老枝呈灰褐色，而新枝是翠色欲流的綠色，質感肥嫩。在新枝的頂端或許有一點點細小的葉子，但大多數時候或許連一點葉子也見不到，從上到下可謂名副其實的「光棍」。看它的名牌介紹：屬於大戟科灌木，原產自東非和南非的熱帶沙漠地區。

1. 綠珊瑚
2. 綠珊瑚的枝條與葉片

綠珊瑚，可用枝條
扦插繁殖。

它之所以這樣一副「光棍」模樣，就要歸功於它的故鄉——非洲荒原的氣候。這裡氣溫極其炎熱，所以植物的蒸發量非常大。植物本身成千上萬的葉子成了生存的拖累，樹體內的大量水分會從每一片葉子裡蒸發掉，最終導致樹木乾枯死亡。為了避免水分通過葉子蒸發，綠珊瑚積極地改變自己。它的辦法是將葉子漸漸變小，直到完全消失，僅剩下枝條，就變成了名副其實的「光棍」。但是沒有葉子，無法進行光合作用，仍然無法生存。於是綠珊瑚又想了一個辦法，把樹枝變成綠色，替代樹葉進行光合作用，最終頑強地生存下來。這種抵抗炎熱、避免水分流失的方式，與它的難兄難弟——仙人掌如出一轍。因此在中國南方海岸，我們常會看到綠珊瑚和仙人掌這兩種外來植物形成的單一物種群落。

　　這些看上去光禿禿的傢伙，其實很容易成活。只要將綠珊瑚的枝條掰下一根，插在土中，保持土壤的濕潤，就可以得到一株新的綠珊瑚，但需要注意避免土中積水而引起爛根。綠珊瑚初到中國時，可謂是奇貨可居，是許多植物園吸引遊客的招牌之一。後來人們發現獲取其小苗的方法並不困難，於是它漸漸成了花卉市場中的常駐品種。當然綠珊瑚要想在市場上走俏，需要經過商業包裝。被包裝後的綠珊瑚搖身一變，更名為「綠玉樹」。在《中國植物志》中，「綠玉樹」已被確定為它的中文大名。嶄新大氣的名字為它掙足了面子，讓人們在因它獨特的外形產生獵奇心理時，更為它吉祥而富貴的名稱產生喜愛之情。綠珊瑚成功實現了自己的華麗轉身。

　　但綠珊瑚除了有趣，也有自己的脾氣。當你遇到綠珊瑚，要小心，它體內乳白色的汁液含有毒性，有可能傷害到你。不過這些汁液也帶給了綠珊瑚新的機遇。科學家經過測定，發現綠珊瑚的汁液富含碳氫化合物，與石油的成分相似，而且這種材料可再生、高效環保，是一種新能源。因此一些乾旱的沙漠地區已經開始栽種綠珊瑚，據說每公頃綠珊瑚田，每年可產油 50 桶。也許拯救石油危機要靠這些「光棍」了，於是綠珊瑚迎來了第二次的華麗轉身。

懂「情」的跳舞草

Dancing Grass With "Emotion"

1

1. 跳舞草的花

　　常言道：「人非草木，孰能無情。」這話認為草木是沒有感情的。殊不知，草木也有喜、怒、哀、樂之「情」。在華南植物園溫室裡栽種的跳舞草是最著名的、會表現出喜樂之情的草木。它懂音律，善舞蹈，會抒情。每當有遊客在它面前蹲下來，唱出優美的抒情歌曲，這種葉片修長的跳舞草便會配合音樂的節拍，搖曳腰肢，為遊客獻上一段美妙的「舞蹈」。

　　那麼跳舞草究竟是怎麼樣的植物？

　　跳舞草（*Codoriocalyx motorius*）其實不是一種草，它是豆科（*Fabaceae*）舞草屬的小灌木，產於中國廣東、廣西、雲南、貴州等省，臨近中國的東南亞也有分佈。它高約 2 公尺，葉片由 3 枚小葉組成：兩側的小葉很小，長約 1.5-2 公分，中間的小葉大，長約 10 公分。它的豆莢細長，分節，豆粒如芝麻般大小，為棕色。所謂「跳舞」，絕

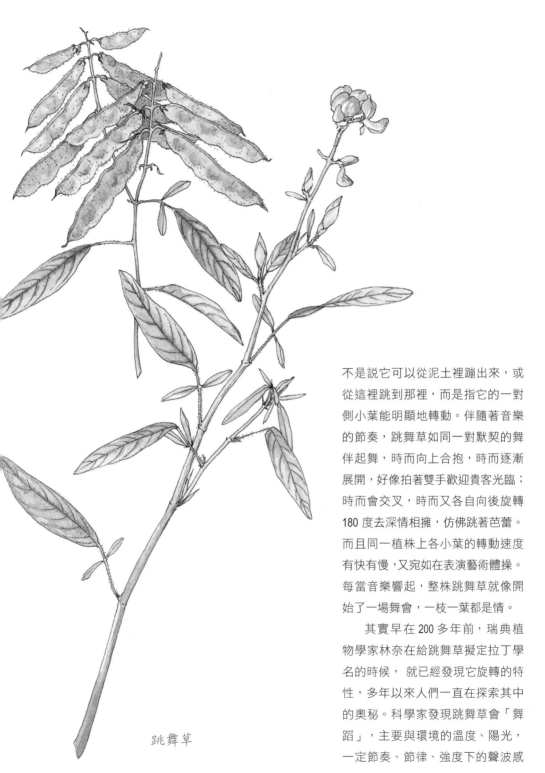

跳舞草

不是說它可以從泥土裡蹦出來，或從這裡跳到那裡，而是指它的一對側小葉能明顯地轉動。伴隨著音樂的節奏，跳舞草如同一對默契的舞伴起舞，時而向上合抱，時而逐漸展開，好像拍著雙手歡迎貴客光臨；時而會交叉，時而又各自向後旋轉180度去深情相擁，仿佛跳著芭蕾。而且同一植株上各小葉的轉動速度有快有慢，又宛如在表演藝術體操。每當音樂響起，整株跳舞草就像開始了一場舞會，一枝一葉都是情。

　　其實早在200多年前，瑞典植物學家林奈在給跳舞草擬定拉丁學名的時候，就已經發現它旋轉的特性，多年以來人們一直在探索其中的奧秘。科學家發現跳舞草會「舞蹈」，主要與環境的溫度、陽光，一定節奏、節律、強度下的聲波感

跳舞草的果實和種子。

應有關。聲波傳觸，產生葉片共振現象，讓跳舞草小葉的葉柄基部海綿組織中的薄壁細胞發生變化而產生運動。人們還發現跳舞草絕對是一位愛好高雅的舞女，只愛聽「高山流水」。如果放的音樂怪腔濫調，即便時下流行，它也會額眉緊蹙，停步罷舞。這其中的奧秘在於它只對中、低頻聲波特別敏感，也就是說只聽 35-40 分貝，優美和諧、悅耳動聽的曲子，對於斯心裂肺或者故意搞怪的聲響則不屑一顧，故有「情草」之說。

　　表面看來，跳舞草不喜歡夜生活，當夜幕降臨，它會逐步進入「睡眠狀態」——它的葉柄向上豎起來貼近枝條，小葉則垂下去也貼向枝條。但這時如果你將它的小葉往上拉開，便會發現小葉其實不聽使喚，並不像人在睡眠時肢體處於鬆軟的狀態。這種現象是跳舞草在長期演化過程中，發展出的一種節約能量的適應方式。令人驚訝的是，即使處於睡眠的狀態，它的小葉仍在徐徐轉動，只是速度比白天慢。

　　跳舞草不只會「跳舞」，還有其他功效。據科學研究，跳舞草的根、莖、葉均可入藥，用其泡酒，早晚各服一杯，對治療骨病、風濕病、關節炎、腰膝腿痛有特別的療效。而用其嫩葉泡水洗臉，能令皮膚光滑白嫩。據說雲南的少數民族家裡一般都會擺上幾盆，城裡的女孩子也喜歡在陽臺上種幾盆，每天摘取幾片葉子泡水洗臉，以此美容養顏。

「荷葉效應」揭秘

The Secret of "Lotus Effect"

「江南可採蓮，蓮葉何田田。」（《漢樂府·江南》）炎炎夏日，最是那一池層層疊疊的碧水夏荷，沁人心脾，讓人們流連忘返。從古至今，荷花就備受世人的喜愛，被人們寫入了許多膾炙人口的著名詩篇。「出淤泥而不染，濯清漣而不妖」，表現了荷花潔身自愛的高貴品質；「大珠小珠落玉盤」的描繪，可謂別有一番情致。

眾所周知，水滴落在荷葉上，會形成近似圓球形的透明水珠在葉面上滾來滾去，而不浸潤到荷葉中。這荷葉不沾水的奧秘是什麼呢？華南植物園的匡延鳳博士通過採集荷葉樣品，經過脫水乾燥等方法處理後，用掃描電鏡對荷葉表面進行了微觀形態觀察，終於揭開了這個奧秘。

原來，荷葉的表面上佈滿非常多微小的乳突，其平均大小約為6-8 微米，平均高度約為 11-13 微米，平均間距約 19-21 微米。在這些

1. 荷葉表面的乳突
/ 匡延鳳 攝
2. 荷葉表面的乳突頂端
/ 匡延鳳 攝
3. 荷葉表面的乳突側面
/ 匡延鳳 攝

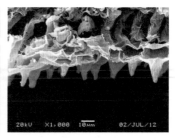

荷葉效應

微小乳突之中還分佈有一些較大的乳突，平均大小約為 53-57 微米，它們也是由 6-13 微米大小的微型突起聚在一起構成。乳突的頂端均呈扁平狀且中央略微凹陷。這種乳突結構用肉眼或普通顯微鏡是很難察覺的，通常被稱作多重奈米和微米級的超微結構。這些大大小小的乳突和突起，在荷葉表面上形成一個挨一個隆起的「小山丘」，「小山丘」之間的凹陷部分充滿空氣，這樣就在緊貼的葉面上形成一層只有奈米級厚的極薄空氣層。水滴最小直徑為 1-2 毫米（1 毫米= 1000 微米），這相比荷葉表面上的乳突要大得多，因此雨水落到葉面上後，隔著一層極薄的空氣，只能同葉面上「小山丘」的頂端形成幾個點的接觸，因而不能浸潤到荷葉表面上。水滴在自身的表面張力作用下形成球狀體，水球在滾動中吸附灰塵，並滾出葉面，從而達到清潔葉面的效果。這種自潔葉面的現象被稱作「荷葉效應」。

　　研究表明，這種具有自潔效應的表面超微奈米結構形貌，不僅為荷葉所有，也普遍存在於其他植物中，某些動物的皮毛中也存在這種結構。這種結構不僅有利於自潔，還有利於防止大量飄浮在大氣中的各種有害細菌和真菌對植物的侵害。

　　當今，仿生荷葉的技術已經應用到了紡織、化工等諸多社會行業，很多企業開發了仿荷葉的奈米材料和產品，例如，荷葉織物、荷葉防水漆、荷葉防水玻璃等。可以預見，將來會有越來越多的「荷葉效應」產品出現，更好地改善人們的生活。

森林救火員 —— 木荷

Forest Fire Guard

　　植物的自然天敵除了病蟲害，還包括水淹、火燒等自然災害。在中國南方，人們常常會種植一種高大的常綠喬木，作為防火帶，來阻止大火的蔓延。這種不怕火燒的植物，被尊稱為「森林救火員」「森林防火衛士」。到了夏季，它開出白色芬芳的花朵，聖潔又美麗。這種才色兼備的植物就是山茶科的「高個子」——木荷。

　　木荷之所以具有如此神奇的本領，皆因它新鮮的葉子水分多，含水量可達 42%。因為它太濕潤，不容易燃燒，所以防火性能極佳。近年來，在南方，人們大片種植木荷，組成防火林帶。

　　它樹冠高大，葉子濃密，能夠形成防火牆，將大火阻斷隔離；而且它木質堅硬，萌生能力強，被燒傷後，第二年就會萌發出新枝葉，恢復生機。

1. 木荷的果實 / 鄧新華 攝
2. 木荷的花 / 鄧新華 攝

木荷的果實和種子

木荷
Schima superba

木荷又名荷木、小葉蟻木、荷樹，山茶科（*Theaceae*）木荷屬，高達 30 公尺，原產東南亞，為亞熱帶常綠林中優勢樹種。它樹冠優美，常年蔥綠，花多，素雅芳香，而材質堅硬，紋理直，木材耐久、耐腐、耐磨，是優質的傢俱材料之一。其扁球形的木質蒴果，在 10 月份成熟後呈黃褐色，五瓣裂開，可以用來做陀螺玩具。

而木荷的樹皮含腐蝕性液汁，皮膚觸碰後容易引發過敏反應，但在民間，人們會用它作為驅蟲藥，而漁民則將其莖皮碾成粉，投入水中，用於捕魚。

　　防火林帶常常需要喬灌木結合種植，以此達到上下都能阻擋火情的效果，有效阻隔地表火和樹冠火，同時還可以形成低溫、高濕等阻礙火勢蔓延的環境。

　　除了木荷，經過試驗篩選，在中國南方山地常用的防火林植物還有紅花荷、紅荷木、火力楠、楓木、楊梅、油茶、臺灣相思、馬占相思、大葉相思、珊瑚樹等。北方則多選用楊樹、椴樹、榆樹、榛子、接骨木、衛矛等。這些樹種均有含水量大，粗脂肪含量少（粗脂肪為易燃物）的特點。

裝蒜的美人 ── 蒜香藤

Faked Garlic── the Garlic Vine

有個笑話説：烤肉最怕肉跟你裝熟、木炭耍冷、蛤仔搞自閉、蝦子不害羞、洋蔥裝蒜……

從美洲地區引入中國的花兒裡，就有這麼一種「想裝蒜」的花兒──蒜香藤，它的花朵及葉片搓揉後，會散發出濃郁的大蒜氣味，因此得名。

説起來，蒜香藤和大蒜還真有點瓜葛。據中國科學家們的化驗分析，蒜香藤的葉子裡確實含有與大蒜成分相似的物質，尤其是含硫化合物，因而可以考慮作為大蒜的潛在替代品。

而在它的原產地巴西、秘魯，蒜香藤作為一種草藥，有鎮痛消炎、祛濕解熱的功效，葉子可用於治療傷風感冒、腹瀉、肺炎等，還用來做驅蚊藥、驅蛇藥。

1

1. 蒜香藤 / 鄧新華 攝

蒜香藤
Mansoa alliacea

蒜香藤又名張氏紫薇、紫鈴藤，是紫葳科（*Bignoniaceae*）蒜香藤屬的常綠木質藤本，有卷鬚，葉子為二出複葉，深綠色橢圓形，具光澤。花腋生，聚繖花序，花冠筒狀，開口五裂。剛開時花為粉紫色，慢慢轉成粉紅色，最後變為白色後掉落。花期為春至秋季，盛花期 8─12 月，台灣為 4、10 月開花。性喜高溫，對土質要求不高，全日照的環境最佳。由於植株具蔓性，每年春季花開後可進行整枝。

蒜香藤

　　正如人不可貌相，海水不可斗量，蒜香藤未開花時，不甚起眼，一旦盛開，則令人驚豔不已，綠色的藤蔓間爆滿如瀑布般的淡紫色筒狀花，如一團團彩球熱鬧地擠在一起，美麗得讓人心醉。而且蒜香藤生性強健，病蟲害少，適合做花廊，或攀爬於花架、牆面、圍籬之上。

3

萬紫千紅總是春
—— 花朵的智慧

&

A Riot of Colour Makes Spring
—— *Wisdom of Flowers*

謎一樣的蒟蒻薯

Mysterious Tiger Whisker

在熱帶雨林的浩瀚林海中，蘊藏著許多神奇的植物，其中有一種被稱為「蒟蒻薯」的奇花一定會讓你過目難忘。瞧它那下垂的絲狀小苞片，長達幾十公分，形如鬍鬚，整個花序看上去就像一張呲牙咧嘴的老虎臉；另外，它的花序擁有兩片垂直排列的紫黑色大苞片，酷似一隻飛舞的蝙蝠；再加上它獨有的晦暗顏色，在陰暗的熱帶雨林下面，乍一看不禁讓人感到毛骨悚然。因而，它也被稱為「老虎鬚」，還有「蝙蝠花」「魔鬼花」等別名。其謎一樣的花，相信會讓每一個在熱帶雨林中邂逅它的人，感到詫異並為之浮想聯翩。

在植物學上，蒟蒻薯（*Tacca chantrieri*）被稱為箭根薯，屬於薯蕷科（*Dioscoreaceae*）箭根薯屬植物。箭根薯屬植物在全世界共有 10 多種，主要產於亞洲熱帶和大洋洲；在中國約有 5 種，主要分佈在熱帶和中亞熱帶的南緣地區。目前由於生態環境遭到嚴重破壞，而蒟蒻薯在自然狀態下更新能力較弱，其野外植株非常少見，已被列為國家三級保護植物。

1	2

1. 蒟蒻薯的花朵
2. 真正的蒟蒻薯花

蒟蒻薯的花非常奇特，它實際上包括了整個花序。花序有兩個明顯的大苞片，顏色呈紫褐色至黑色，這在植物界中極為罕見。大苞片的上方有數十個小鈴鐺，這才是它真正的花朵。小花基部的小苞片為紫褐色絲狀物，一般有數十條，很像老虎的鬍鬚。我曾試著解剖這種外形奇特的花朵，它的內部就像一個大大的迷宮。蒟蒻薯的花序和花部構造的變化如此複雜，顏色如此罕見，與植物的環境適應性及其繁殖方式有什麼樣的關係呢？

我們知道植物體的每一個結構，都是其通過光合作用「辛辛苦苦」日積月累努力的結果，特別是像蒟蒻薯這樣生長在熱帶雨林下層弱光條件下的種類，要積累一點光合產物非常不容易。大多數植物的花，是用來吸引傳粉動物從而促進自身花粉的散佈和接受其他植株的花粉。蒟蒻薯既然把大量的營養物質投資到花序結構中去，形成這樣一個轟轟烈烈、非常惹眼的花序，就應該在招蜂引蝶上更具有優勢，從而增加繁殖成功率，但事實上它很難得到蜂和蝶的青睞。因為它的花朵色彩黯淡，沒有香氣。它也不能分泌傳粉動物所喜愛的花蜜，就連繁殖後代必不可少的花粉也極為有限。有人推斷，蒟蒻薯的黑色大苞片具有較大面積的葉狀結構，能吸收大量的熱量，可能為果實的發育提供光合產物。但是大苞片的方向是垂直的，這就與在陰暗環境下植物葉片採光的最佳方向不相符，從而使得這個解釋令人存疑。

最初科學家們推斷，蒟蒻薯可能是通過釋放一種人類無法嗅到的腐爛有機物的氣味，來吸引蒼蠅為其進行傳粉。因此，科學家曾誤將蒟蒻薯歸類到靠腐臭氣味欺騙傳粉者的「腐臭氣味傳粉綜合症群」中。但是，人們經過深入研究後發現，蒟蒻薯通常並不借助傳粉動物，而是通過自花授粉進行繁殖。

另外，最近科學家還從分子檢測的遺傳結構上推測出蒟蒻薯很可能是自交的種類，如果這個結論正確的話，那麼蒟蒻薯長出那些誇張的大苞片和鬍鬚狀小苞片就是徒勞，自己瞎折騰。

至於蒟蒻薯究竟是不是徒勞，這個問題至今仍是一個謎，還有待科學家們對其做更深入細緻的研究。

「臭美」的疣柄魔芋

"Stinky" Plant—— the Elephant Yam

疣柄魔芋（*Amorphophallus virosus*）是天南星科（*Araceae*）魔芋屬的植物，「疣柄」二字取自它有「疣」突的花序柄和葉柄，「魔芋」則是跟隨家族的傳統稱呼。它還有個不討人喜歡的名字——屍花，因為它開花時會散發出腐屍般的臭味，此味道讓它無法成為被人喜歡的家庭觀賞植物。其實被封稱「屍花」也夠冤枉它的，因為它所發出的讓人難以忍受的惡臭，只不過持續在花開後的短短幾個小時內而已。

疣柄魔芋分佈於中國雲南、廣西、廣東，在越南、泰國等地也有它的身影，常棲身熱帶和亞熱帶林下，喜歡潮濕的空氣，肥沃而濕潤的

1-2. 疣柄魔芋的花
3. 疣柄魔芋的果實

疣柄魔芋是
先花後葉的
植物。

疣柄魔芋的花
期很短，只有
兩三天。

土壤。在冬季缺水的時候，它會進入休眠期，塊莖大量脫水，變得皺皺巴巴，死氣沉沉。每年的四五月份，疣柄魔芋的花序從地下冒出，隨後綻放成一朵紫色巨花，足有一個面盆大。盛開的疣柄魔芋，如身著華服的妖姬，華貴豔麗之下透著詭秘的異味。花序明黃色，藏在佛焰苞內部，由細細密密的單性花組成，上部為雄花區，下部為雌花區。雄花序區的溫度特別高，有燙手之感，高溫使花的臭味更濃郁，傳得更遠，引得「臭味相投」的傳粉生物紛遝而至，為其繁殖之用。

過些日子，疣柄魔芋的葉子也探出了地面。小小的葉片似注入了神奇的力量，可以一下子沖到 2 公尺多高，就像一棵樹，還不乏分枝，遠看更像一把撐開的大傘。葉柄，姑且稱之為樹幹，有大量形狀不一的疣凸，表面綠色帶不規則白色斑塊。

別看魔芋的花那麼臭，但是它的塊莖可用於製作蒟蒻、煮糖水、釀酒等，這些食品早已走進千家萬戶。

濱海的草根階層 —— 草海桐

The Coastal Grassroots—— Beach Naupaka

　　草海桐（*Scaevola taccada*）也稱為羊角樹、水草仔、細葉水草，是草海桐科（*Goodeniaceae*）多年生常綠亞灌木植物，是典型的濱海植物。它們總是喜歡倚在珊瑚礁岸或是與其他濱海植物聚生於海岸邊，迎著大海生長，被人們形容為濱海的草根階層。在島嶼上，如果見到一簇簇蔥綠欲滴的灌木叢林，一般就能找到它的身影。它油亮的葉子以及看似殘缺了一半的花，讓人印象深刻。

　　草海桐常見於中國華南沿海沙灘，而它的祖籍分散於日本、太平洋島群、馬達加斯加等地。莖叢生，光滑無毛，有脫葉痕；葉大部分集中於分枝頂端，倒卵形或匙形；腋生聚繖花序，白中

帶粉的花朵細看十分有趣，半圓形的花冠向下開放，五片花瓣排列如扇子，看上去像是被切去一半的半朵花。這種造型奇特的花在植物界中是比較少見的。

關於草海桐的缺半花，流傳著一個美麗的傳說：據說海岸部落的一位公主在與情郎分別時，順手摘了一朵花分為兩半，作為雙方見證愛情的信物，情郎出海一去不復返，公主日夜企盼，最後香消玉殞於海邊。族人在公主殞落處發現了這開著半朵花的植物，相信它就是公主的化身。事實上，研究表明，草海桐的特殊花形正是為了適應濱海的環境而演化出來的。首先，從植物生理角度來説，不整齊的花比較不容易自花授粉，更適應貧瘠環境；其次，草海桐平滑的莖幹和油亮的葉子所披覆的蠟質，也是它耐貧瘠、耐乾旱的秘密武器之一。

草海桐對保護島嶼的沙灘、改善島嶼生態環境起到很好的作用。因能常保青翠，近年來成為廣為栽種的海岸防風林、行道樹、庭園美化樹種。它的葉子雖然有種怪味，卻是可以食用的野菜。

1. 草海桐的花
2. 草海桐

綠翅木蜂的大餐 —— 紫花西番蓮

The Feast for Carpenter Bees—— Purple Passionflower

　　正午時分，綠翅木蜂揮舞著藍色金屬光澤的翅膀，在夏日陽光的照射下，閃閃發光。原來，它們正奮力地在紫花西番蓮的花朵上享用午餐呢——花粉、花蜜和一些油脂物。

　　紫花西番蓮（*Passiflora amethystina*），它的拉丁文種小名 *amethystina* 意為紫色石英的花，又名堇色西番蓮，是西番蓮科的藤本植物。它與我們熟悉的百香果是同科同屬的

親戚。紫花西番蓮原產巴西、巴拉圭、玻利維亞，是一個歷史悠久的栽培種，最早定名於 1824 年，在歐洲地區深受喜愛並被廣為種植。它的花期為夏、秋季，花朵具有香氣，花冠圓形，萼瓣及絲狀副冠呈紫紅、紫褐到白色，盤形柱頭下垂。它們不耐寒，喜歡溫暖的氣候，生育適溫是 20-30 ℃。

　　紫花西番蓮的造型奇妙、細密繁複，這精緻無比的造型，其真正目的是給傳粉者提供便利的平臺，從而更好地幫助完成授粉。紫花西番蓮的花萼常為綠色，位於花的最外層，起保護作用；花冠是花的中心，目的是招引昆蟲傳送花粉；高高升起的花

		1	2

1. 紫花西番蓮
2. 紫花西番蓮和綠翅木蜂

梗，垂下 5 片像單車椅墊的花藥，底部沾滿了花粉，閃閃發光，這是為了吸引沖著花蜜或花粉而來的蜂類或蒼蠅。花朵奇豔，整體如蓮，花冠週邊多有密集的花絲（外副花冠），花藥（雄蕊花柱頂端呈囊狀的部分）能轉動，故又名轉心蓮。

16 世紀，西班牙人進入美洲新大陸後發現了這種植物，首先注意到的是它那獨特的花型，認為有如十字架，於是將它神化為耶穌受難的象徵；後來還因圓形花盤中的雄蕊雌蕊上下交疊，酷似鐘錶上轉動的時針分針，可供玩賞，又把它叫做時鐘花。

據觀察，在華南植物園，紫花西番蓮的傳粉訪問者主要是綠翅木蜂，當紫花西番蓮的花兒綻放，發出盛情邀請，就可以看到綠翅木蜂鞍前馬後忙碌的身影。除了蜂類，西番蓮屬植物的授粉者還可能有蝴蝶、蜂鳥、蝙蝠、蛾等，但一般每種西番蓮屬植物都有特定的授粉者。

英國南安普頓大學的研究表明，聰明的熊蜂和蜜蜂們，會在已經拜訪過的花朵上留下氣味標記，這種氣味直到第二天后才消失；它們還會釋放另外一種短期化學標記物質，這種化學物質僅持續約 40 分鐘，使花兒有時間再次分泌花蜜。此外，這些蜂也會在蜜源充足的花朵上留下氣味，這樣它們第二天才能再次準確無誤地找上門來。

西番蓮科

Passifloraceae

西番蓮科的西番蓮屬植物大部分產於熱帶美洲，少數產亞洲和大洋洲，有 400 - 500 種，大部分為草質藤本，個別為木質藤本。可食用的西番蓮屬植物約有 60 種。西番蓮花朵奇特，極為美麗，熱情洋溢的顏色，突起的柱頭和呈放射狀絲絲分明的副冠，使它們從各色花兒中脫穎而出。其花果均有較高的觀賞價值，是花架、綠籬及陽臺綠化的好選擇。

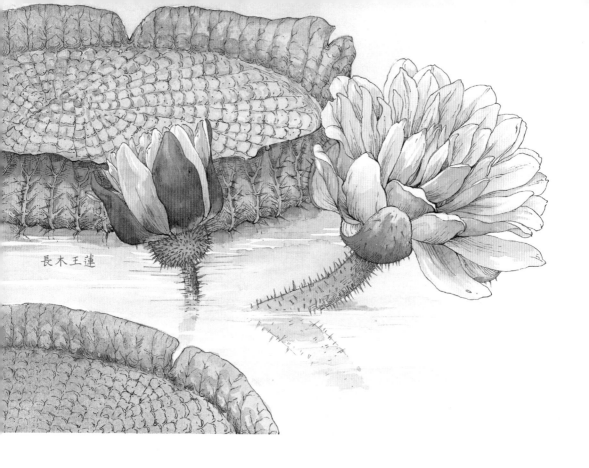

長木王蓮

水上女王——王蓮

Queen of Water—— Victoria Water Lily

　　19 世紀，維多利亞女王在位的 64 年期間，是英國最強盛的「日不落帝國」時期，英國在世界範圍內建立了無數殖民地，因而人們以「維多利亞」命名水上「女霸王」——王蓮。在原產地亞馬遜，王蓮展開優美碩大的圓盤形葉片，延綿數里。同時它那獨特迷人、顏色多變的花兒，為它贏得「善變女神」的美譽。在許多種植王蓮的植物園裡，王蓮都是夏日裡的明星。

　　1801 年，德國植物學家亨克（Tadeáš Haenke）在亞馬遜河一條名叫 Mamore 的支流中發現亞馬遜王蓮（*Victoria amazonica*）。1837 年，英國植物學家林德利（John Lindley）正式發表了該屬的描述，並以當時英國女

王維多利亞（Alexandrina Victoria）的名字作為王蓮的屬名。1959 年，中國從德國引種並在溫室內栽培獲得成功，稱之為「王蓮」，之後王蓮在南京、北京、上海、鄭州、廣州等多地的植物園都有栽培。

王蓮能獨霸一方，成為水上女王，可是憑藉多種生存智慧：

1. 葉片可當船

一片巨大的王蓮葉直徑達 1.5-2.5 公尺，負重約 50 公斤，可以當臨時小船使用。其秘訣在於它的葉片和葉脈內有很多大的空腔，腔內充滿氣體，使葉片能浮於水面。葉子背面生長著粗壯的葉脈，板狀隆起，縱橫交錯，構成高 10 公分以上的方形小格，使葉片保持開展狀態，增加葉片的排水力和負載力。

2. 巧妙避敵害

王蓮的葉子巨大，底下滿布硬刺，不僅可以排擠周圍的植物，佔領生長疆域，同時也有效地阻止了魚類的咬齧。

3. 抗洪排水小能手

王蓮的葉片上密佈小孔，葉緣還有兩個缺口。遇到大雨時，水可以從小孔和缺口迅速排走，保持葉片乾燥，避免葉片積水造成腐爛而影響它的光合作用，也避免了真菌和藻類的滋生。

1. 克魯茲王蓮

4. 強留昆蟲幫授粉

　　王蓮的花單生，碩大，花開三天，顏色多變，早晚開放，中午關閉，其花心溫度要比四周氣溫高出 10℃ 左右。第一天傍晚，新開放的白色花兒散發出鳳梨般的香味，強烈地吸引著水中的甲蟲，而花瓣裡的花蜜和澱粉類物質，使甲蟲忽略了慢慢閉合的花兒，於是被留在花裡過夜。直到第二天晚上，花兒再次打開，花色神奇地轉為粉紅色，花朵失去香氣，此時雄蕊釋放出的花粉，就全部粘到了甲蟲身上。被囚禁了一晚的甲蟲攜帶著花粉，匆匆逃出來，又前往另一朵新開的王蓮花覓食，從而幫助王蓮授粉。第三天早上，花兒轉為紅色，凋謝並沉入水中。

1. 長木王蓮花開第一天
2. 長木王蓮花開第二天
3-4. 長木王蓮花開第三天

王蓮的花具有雌性先熟的特徵，通過這種機制，王蓮巧妙地避免了自花授粉。王蓮通過種子繁殖，成熟的王蓮果實有種子 300-400 顆。種子大小如蓮子，富含澱粉，可食用，在原產地，人們稱之為「水玉米」。

　　目前發現的王蓮，有三種原生種。一種是原產於南美巴西的亞馬遜王蓮，它的花萼佈滿刺，葉緣微翹或幾近水準，葉片微紅，葉脈紅銅色。葉片較大，直徑 2.0-2.5 公尺，耐寒性差。另一種是原產於巴拉那河流域的克魯茲王蓮（*V. cruziana*），它的花萼光滑無刺，葉緣上翹 3-5 公分，葉片深綠，葉脈黃綠色。葉片略小，直徑 1.5-2 公尺，耐寒性較好。第三種是原產自玻利維亞的玻利維亞王蓮（*V. boliviana*），直到 2022 年 7 月 4 日才由英國皇家植物園邱園植物學家命名發表，葉面直徑可達 3 公尺。

　　1961 年，由美國長木植物園成功培育出來的長木王蓮（*V. 'Longwood Hybrid'*）則綜合了兩個親本的特點：花萼疏被硬刺，葉片達 2 公尺以上，葉緣高度介於兩者之間，葉片微紅，葉脈紫紅色，花多且大，耐寒性較好。此外，1999 年至 2000 年間，美國園藝學家又培育出了其他 5 個雜交品種。

| 1 | 2 |

1. 亞馬遜王蓮
2. 長木王蓮的葉背

廣告高手 —— 玉葉金花

Advertisement Master—— Mussaenda

　　雖說酒香不怕巷子深，但植物們可不是這麼想的。為了讓花兒們招攬到「顧客」，成功完成傳粉結果、傳宗接代的重要任務，植物們可謂八仙過海，各顯神通，煞費了一番心思。

尤其是在春夏季節，各種花兒盛放，競爭特別激烈。如何在百花叢中脫穎而出，從而成功吸引蟲兒們給自己授粉呢？當然少不了給自己「打廣告」。

　　聰明的玉葉金花知道自己沒有豔麗的花（中間黃色的管狀小花，才是它真正的花），所以用色白如玉的葉狀萼片來冒充花瓣。很多人以為的花瓣，其實是它的萼片，專門用來吸引蟲兒們的注意力。同時，萼片在花的構造中位於最外的一環，也是花蕾的保護神。

1

1. 洋玉葉金花

　　玉葉金花這種「廣告」能力，是植物長期進化的結果，它們將萼片變成「花瓣」，既起到廣告作用，又保護了真正的花，是多贏的選擇。擁有此類豔麗「花瓣替身」的還有芭蕉花、聖誕紅、九重葛（三角梅）等植物。

　　這原本生在郊野叢林的平凡山花，因近年漸漸被引入都市里種植，而被人們所賞識和喜愛。它那舒展的白色萼片襯托著黃色明亮的花兒，一如它形象簡潔的名字——玉葉金花。

　　玉葉金花屬（*Mussaenda*）來自茜草科（*Rubiaceae*）家族，目前約有 120 種，分佈於熱帶亞洲、非洲和波利尼西亞。中國約有 28 種，產於西南部至台灣地區，大部分具有觀賞性。最大的特徵是每朵花的花萼有 5 枚萼片，其中一枚變形為白色或其他顏色的葉片狀，有些品種或栽培品種的 5 片苞片會變形成葉片狀，而真正的花是中間小而金黃的數朵小花。它的花期在春夏，果期在秋季。

　　其中玉葉金花（*M. pubescens*）是玉葉金花屬中較常見的品種。玉葉金花的藤與根可以入藥，對預防流感和腸胃疾病效果顯著。每到夏季，廣西人都有採摘玉葉金花熬制防暑涼茶的習慣。

　　而花開時洋洋灑灑一片，好似白色掛毯的則是楠藤（*M. erosa*），又名野白紙扇，是攀援灌木，鄉間常用以治療豬的炎症。

　　花朵更大更豔，觀賞價值更高的有洋玉葉金花（*M. frondosa*）、紅玉葉金花（*M. erythrophylla*）和粉紙扇（*M.* 'Alicia'），但它們都不太耐寒。在廣州，到了冬天，它們的葉子就全掉光了，而本地產的幾種白色玉葉金花屬植物則經冬不凋，全年綠意盎然。

1. 粉紙扇
2. 紅玉葉金花

一日三變 —— 木芙蓉

Changeable Rose—— Mallow

6 歲時在老家，有天經過一個院子，見到幾株長得比我個頭還高的植物，枝頭上正開著大朵大朵的花兒，那粉色嬌媚迷人，讓人流連，久久難忘。

多年以後，我才知道，它就是木芙蓉，又叫作「千面美人」到植物園工作後，我就常與它相見了。夏秋季節清晨，木芙蓉身著一身潔白的長裙，那清爽的模樣，猶如情竇初開的小姑娘。中午回家路上與它打招呼，它已變身為粉紅女郎，嬌豔可愛。傍晚再看到木芙蓉，它像是要趕著去赴一場隆重的宴會，變為身著一襲深紅色禮服的可人兒，華麗而動人。夜間散步經過它的身邊，木芙蓉姐妹們已經紛紛和衣而睡，形如一個個安靜的小包子，沉入夢鄉。

木芙蓉姑娘似乎懂魔法，一天之內，竟能頻頻變換自己的顏色。她們每朵花只開一天，初開時為白色，中午變為粉紅色，傍晚再轉為深紅，隨後閉合凋謝。花色一日三變，因而又叫作「三變花」。那麼她們是不是真的懂魔法呢？這些色彩變化又有什麼玄機呢？

1. 初開白色的木芙蓉
2. 變為粉色的木芙蓉
3. 變紅的木芙蓉 / 鄧新華 攝

科學家們發現，這其實是花內色素隨著溫度和pH值（酸鹼度）的變化所玩的把戲。原來植物花色主要由四大類色素決定，即類黃酮（又稱為黃酮類化合物，廣泛分佈於水果、蔬菜、堅果中，也是負責提供花瓣顏色的重要色素）、類胡蘿蔔素、葉綠素和甜菜鹼。而木芙蓉不同花色的色素由前兩大類組成：白色花僅含有黃酮類化合物，粉色和紅色花則主要由黃酮類化合物中的花青素（廣泛存在於植物中的水溶性天然色素，它在自然狀態下常與各種單糖形成糖苷，稱為花色苷）組成。花青素在紅色花裡含量最高，比粉色花高3倍，比白色花高8倍。

實驗證明，溫度是改變木芙蓉花色的主要因素之一。隨著氣溫的升高，花青素和pH值發生了變化；花青素顯色與細胞內的pH值、金屬離子、小分子化合物、溫度等條件都有密切關係，並且常常隨著這些客觀條件的變化而變化。因此，花才會有深淺不同、濃淡各異的顏色。如果把白色的木芙蓉花放到冰箱裡，它會保持白色，如果放到外面，隨著溫度升高，又會逐漸變為粉色並加深。有趣的是，同一朵木芙蓉花，它的花色越深，重量也越輕。

除了木芙蓉會變色，自然界中還有許多花兒也有這種本事。如人們熟悉的金銀花（*Lonicera japonica*），花色也是先「銀」後「金」——從白色轉為黃色，也就是同一株花開於不同時間，顏色會不同，所以同一株上有白花，有黃花。這些花兒變色的目的，其實也是為了給跑來採蜜、採花粉的昆蟲提個醒：「嘿，夥計，你來遲了噢，這些黃色的花姐兒，已經被別的蟲兒捷足先登，完成了授粉的使命，這裡沒有你要的糧食了，別白忙活了。趕緊去找那些白色的花兒吧。」

但也有些花兒變色，卻是為了能吸引不同的授粉者，比如使君子（*Quisqualis indica*），研究表明，使君子的花為白色時，更容易被夜間昆蟲識別，如吸引蛾子來完成授粉。而它的花呈紅色時，則是為了吸引白天活動的蝶類來授粉。通過變換顏色，可以同時吸引不同時間段活動的多種授粉者，從而提高授粉率。

重瓣木芙蓉花朵開放的過程。

木芙蓉
Hibiscus mutabilis

木芙蓉是錦葵科（*Malvaceae*）木槿屬的落葉灌木或小喬木，有單瓣、重瓣，9-11月是最佳賞花期。木芙蓉原產於中國廣東、雲南和四川等地，黃河流域以南均有種植，早在唐代，宮苑及庭園中就有栽培。而成都，更因古時遍種木芙蓉，被尊為芙蓉城。中秋過後，木芙蓉陸續花開，故有「拒霜」之稱，不過也有一些早花品種，在春末初夏開放。木芙蓉的木材色白輕軟，莖皮纖維潔白柔韌耐水，可供紡織、制繩、造紙等。葉、花可供外科藥用，有消炎解毒、止血等功效。花可以食用，可煨湯、煮粥、與麵粉調和油炸。古人還用木芙蓉鮮花搗汁為漿，染絲作帳，稱為「芙蓉帳」。
木芙蓉喜歡溫暖濕潤的環境，可以臨水而種，形成「芙蓉映水」的美麗景觀，花開時「曉妝如玉暮如霞」。

一棵重瓣木芙蓉上，
白的，粉的，紅的花朵
開得熱鬧非凡，這可不是因為
它會開多種顏色的花哦，
仔細觀察便會發現重瓣木芙蓉
的花從花苞到凋零，開放各階段
的顏色不同。

重瓣木芙蓉

會體操的蘭花
—— 銀帶根節蘭

Gymnastic Orchid

1. 剛開的銀帶根節蘭花
2. 變為橙色並翻轉後的銀帶根節蘭

　　銀帶根節蘭的花很有意思，花剛開時，像打開的雙手，又如身著白裙的女子。授粉後，花會變為黃色，萼片還會反折過來，就像跳體操一樣，做了個向後倒翻。那麼，植物界裡的「體操運動員」根節蘭，是如何完成這高難度動作的呢？

　　研究表明，根節蘭的花兩側對稱，寬大的唇瓣雖然沒有花蜜，對於蝴蝶們來說，卻如同「停機坪」，是它們停歇的落腳點。而根節蘭正是依靠自身美麗的花色，唇瓣上的假花蜜以及細長的花距（其實並無花蜜），來迷惑紋白蝶。因為紋白蝶的喙比花距短，當它們用喙伸入花距裡取食「花蜜」時，距口的花粉塊黏盤就會粘到喙基部上，有時足部也會碰到根節蘭的花粉塊黏盤，把上面的花粉塊一起帶走。

當這些身帶花粉塊的蝴蝶，再次進入根節蘭花中覓食時，花粉塊就會與柱頭接觸，從而完成授粉的使命。這些根節蘭在授粉 24 小時後，萼片和花瓣開始變黃，唇瓣的顏色由白變橙紅，並逐漸萎蔫，柱頭變短變粗，子房連梗開始下垂，並出現了會「體操」式反折後翻的神奇效果。

紋白蝶通常會連續訪問同一花序上的數朵花，容易造成同株授粉。因此雖然銀帶根節蘭的傳粉效率較高，但它同時也是高度自交的物種。又因為它的自然繁殖成功率相對較低，所以它也會用較強的無性繁殖能力（植株旁長出新的芽，人工可以採用分株法繁殖），在某種程度上可以彌補昆蟲傳粉不足的缺憾。

銀帶根節蘭

銀帶根節蘭
Calanthe argenteostriata

銀帶根節蘭是一種長在地上的蘭花（世界上還有不少蘭花是附生在樹上的）。它是蘭科（*Orchidaceae*）根節蘭屬多年生常綠草本植物，又因為單一個體小花有外翻的唇瓣，在造型上像小蝦的尾巴，中國稱蝦脊蘭，因而得名。花期為 4-7月，單花壽命約2周。花莖長 20-50 公分，有花 10 朵左右。

越夜越美麗 —— 梭果玉蕊

Night Blossoms

在廣州，每年的五六月份，是梭果玉蕊（*Barringtonia fusicarpa*）綻放的季節。然而人們卻很難有機會目睹它的芳容。因為梭果玉蕊都是「夜貓子」，每朵花的壽命僅短短的一晚。夜幕來臨時，白色的花兒散發出淡淡清香，如同綻放的小焰火。清晨太陽升起後，花兒就凋謝了，只剩一枚枚雌蕊殘留在長長的花序軸上，新鮮的花瓣和雄蕊灑落滿地，綺麗淒美。

花兒為什麼要選擇在夜晚開放呢？華南植物園科研人員經過跟蹤拍攝，發現它夜晚開放，是為了吸引幫它授粉的植物紅娘——同樣是夜貓子的蛾類、蝙蝠等。植物體內都有生物鐘，這正是物種長期進化過程中為適應環境變化而形成的。

花謝後約半個月，一串果實沿著玉蕊長長的果序垂直而下，如同一個個用來織網的小梭，趣致可愛。這些果實，卻不小心揭露了玉蕊屬的秘密——它們曾經是生長於海邊的植物。因為它們的果實如同椰子般，外面有一層可以漂浮起來的「救生圈」，可以隨著海水漲落而落地生根，人們把這類喜歡隨波逐流的植物統稱海漂植物。

| 1 | 2 |

1. 梭果玉蕊的花
／鄧新華 攝
2. 大果玉蕊的果實

紅花玉蕊

玉蕊科
Lecythidaceae

本科約有 20 屬 380 種，廣布於全世界的熱帶和亞熱帶。而中國原產的玉蕊科玉蕊屬植物僅有 3種，均開白花，包括來自雲南的梭果玉蕊，長在台灣和海南島的棋盤腳樹（*B. asiatica*）和穗花棋盤腳（*B.racemosa*）。此外，華南植物園還引種了來自東南亞開紅花的紅花玉蕊（*B. acutangula*）和大果玉蕊（*B.macrocarpa*），它們均是夜晚開花，極具觀賞性的喬木。

長在樹上的「鳥兒」—— 禾雀花

The "Bird" Growing on the Tree—— Mucuna

　　每年的 2 到 4 月，南國春來早，禾雀花便登場了，攜著小小的翅膀，帶著飽滿的笑容，如同墜落凡塵的小小天使，爭奇鬥豔，捎來滿園春色。

　　在鳥類世界中，禾花雀（又叫黃胸鵐）因有「天上人參」之稱，而被人們捕食成為瀕危動物，現已列入國家野生保護動物名單。在植物界則有一種「藤上奇花」——禾雀花，同樣備受關注和保護。它的外形與小鳥極為相似，惟妙惟肖，且受傷的時候還會「流血」，是華南地區極具觀賞性的本土奇花。

　　富有靈性的禾雀花，是豆科血藤屬（*Mucuna*）的植物，它們外形趣致巧妙——花的旗瓣如胸頸，翼瓣像雙翅，龍骨瓣是調皮而尖翹著的小尾巴，似欲展翅飛翔，玲瓏可愛；花萼如披了一層閃亮的棕色毛，露出一個個毛茸茸的小腦袋；花柄似小鳥長長的喙，如雀兒嬉戲啁啾，鳥語花香。長長的一串垂下枝頭，如一只只靈巧的鳥兒熱鬧地簇擁在一起，令人不得不驚歎於造化的神奇。

1

白花油麻藤，大型攀援藤本植物，其藤蔓可延伸數十公尺，是典型的老莖生花植物。

那麼，神奇的自然之手，為什麼把它們塑造成小鳥的模樣呢？

據觀察，禾雀花的花，只有在旗瓣、翼瓣和龍骨瓣受到一定壓力時，才能打開。而研究表明，蝙蝠和鳥類是該類群植物最為常見的傳粉者。

其中紅色花系的禾雀花，大多吸引鳥類來幫忙授粉，而白色、綠色、紫色系的花，則多數是蝙蝠授粉。如白花油麻藤就是依靠果蝠授粉。蝙蝠的飛行距離遠，每次可攜帶大量花粉，傳播花粉的能力比昆蟲更強。

由於蝙蝠以聲波分辨距離和方向，有些血藤屬物種會在花瓣中演化出獨特的聲波引導結構，將旗瓣當成凹面鏡，更有效地反射蝙蝠發出的超音波，借此吸引蝙蝠的注意。如中美洲的一種血藤屬植物（ *M. holtonii* ），花的旗瓣形成凹槽，與蝙蝠的回聲定位系統相似，因而該結構能夠讓蝙蝠發現在夜間開放的花朵，並為之傳粉。它有一個大大的花序，花序每次開一兩朵花，內有花蜜，吸引蝙蝠傳粉。有趣的是，該植物不同開花期的結構，反射超聲波的頻率不盡相同。

開花後能夠反射較強的聲波，且特殊的萼片能夠準確指引蝙蝠順利進入花蜜腺，腹部沾染花粉，幫助成功授粉。

而依靠蝙蝠傳粉的植物，其花朵多數會釋放含硫或含氮化合物，具有難聞氣味。所以，禾雀花的味道並不討喜，尤其是成熟後即將凋落的花兒，更是臭味遠揚。

據國內科學家的觀測，泊氏長吻松鼠和赤腹松鼠也是紫色禾雀花——常春油麻藤（ *M. sempervirens* ）的授粉者，它們會用上唇和鼻子，拱動緊密貼合的花瓣，使花兒瞬間打開，在它們吃花蜜時，花粉也會粘上它們的頭、鼻和觸鬚，這樣它們就能把花粉散播到其他植株上。

禾雀花常生長於山澗野外，但在華南植物園的蕨園、藥用植物園等園區，禾雀花的栽培歷史悠久，其中一株已有七八十年的歷史，是目前廣州市內長得最粗壯和最優美的一片禾雀花。禾雀花藤如虯龍盤曲，佔據大片天地，串串花兒懸於半空，如夢如幻，每到禾雀花綻放的季節，慕名而來的遊客總是絡繹不絕。

白花油麻藤
Mucuna birdwoodiana

又名雀兒花，常綠木質大型藤本。它們生在密林裡，花和果實都長在老藤上面。分佈於廣東、廣西，喜溫暖濕潤氣候，耐陰耐旱，畏嚴寒。該種生長迅速，蔓莖粗壯，莖長可達 30 公尺以上，其生命力頑強，能盤樹纏繞，越冠飛枝，攀石穿縫。其花序懸掛於悠長盤曲的老莖上，吊掛成串，每串二三十朵，串串下垂。素有「獨木成林」之說，一藤成景，葉繁蔭濃，盛花期間，遊之如入仙境。除了常見的白花之外，還有粉色的變種。另外開深紫色花的是常春油麻藤，其花朵比白花油麻藤的略小一些。而紫白相間的則是大果油麻藤（ *M. macrocarpa* ），花冠深紫色，旗瓣甚短，圓形，稍帶綠白色。花朵全紫色，花比白花油麻藤的小 1/3，花序如串串葡萄，花期在更晚些的 5-8 月的是褶皮黧豆（ *M. lamellata* ）。

雖然禾雀花的氣味不佳，但新鮮的禾雀花可拿來烹飪，作為佐肴的時菜，也可伴肉類煮湯，煎炒均美味可口；曬乾的禾雀花可入藥，是降火清熱氣的佳品。種子也可供藥用。

跳舞女郎／印度時鐘藤

植物界的舞女郎

Dancing Lady in the
Plant World

花朵為了吸引傳粉者所創造出來的形狀，若你稍微用心地去分析，就會覺得不可思議。花形的創造性主要體現在花瓣上。花瓣大約是在一億年前才演化出來的。當時的花瓣非常小，功能還不強大。花瓣出現後，地球上開花植物的種類突然增多，植物學家稱這一事件為「開花植物大爆發」，而爆發的起因正是花

瓣。花瓣形態多姿,千變萬化,有多少種花,就有多少種花瓣。而來自印度的跳舞女郎正是花瓣千姿百態的最好寫照之一。瞧它那紫紅色的反卷裙瓣,儼然是舞者披著的舞衣,五條雌雄蕊躲在花冠裡眉目傳情,可人的身姿甚是惹人憐愛。

跳舞女郎(*Thunbergia mysorensis*)屬於爵床科(*Acanthaceae*)鄧伯花屬,常綠藤本觀花植物。總狀花序,腋生,花序懸垂性,花萼 2 片,包覆著 1/3 的花冠,花冠內側鮮黃,外緣紫紅色,連接成裙狀,裂片反卷,尖鋤狀的花冠望去宛如張大待食的鴉嘴,惟妙惟肖,所以它又有一個通俗的名字「黃花老鴉嘴」。它自被引進中國後受到極大的歡迎,很快在植物園、公園、庭院裡都能見到它的蹤影。它的花形奇特優雅,四季常青,花期較長,宜於做大型棚架、綠廊、綠亭、露地餐廳等的頂面綠化,是優良的觀花藤蔓植物。不過畢竟來自熱帶地區,跳舞女郎在中國還是比較怕冷,在大部分地區冬天必須在溫室裡過冬。每年 12 月份,在足夠暖和的溫室,開始冒出一串串的花蕾。花蕾也很奇特,薄紙般的花萼包裹著花蕾,花蕾張開,橘黃色的花瓣,還有紫紅色的裙瓣,就像一名舞女慢慢地將舞裙展開,讓我們看清它的容顏,花期一直持續到第二年的 6 月份。

關於跳舞女郎的家族,鄧伯花屬約 200 種,產於非洲中南部地區及熱帶亞洲。在中國原產的野生品種中,也有多種鄧伯花,它們是跳舞女郎的表姐妹,不過由於地域的差異,它們的外形跟跳舞女郎差別很大。例如香鄧伯花(*T.fragrans*)開著白色的花,明黃色的花心讓人眼前一亮。還有大鄧伯花(*T.grandiflora*),盛開之時滿樹都是藍紫色的小喇叭,極其驚豔。而來自雲南和西藏的紅花鄧伯花(*T. coccinea*),紅色下垂的花序如一串串紅鞭炮,華南植物園於 2013 年引種成功,栽種於藤本園,冬季是其盛花期。

剛柔並濟的昂天蓮
Hardness and Softness in One

第一次聽到昂天蓮（*Ambroma augustum*），覺得沒有什麼特別，以為和長在水裡的睡蓮（*Nymphaea tetragona*）、王蓮（*Victoria amazonica*）是同一類植物。然而當我遇到昂天蓮之後，才知道植物們的名字都有它的由來。蓮，歷來被世人傳頌，贊其「出污泥而不染」之聖潔，如今卻被冠以「昂天」之名，自然散發著一種「傲視蒼穹」的味兒，單憑名字就讓人心生敬仰和好奇之心。

在華南植物園的湖泊、橋岸邊，就能見到它的身影。昂天蓮，身軀筆直，闊卵形葉片，排列整齊成小枝，看上去毛茸茸的。令人稱奇的是，伸出去的花枝既有低垂的花又有昂首的果，一舉一垂，在視

1. 昂天蓮的花
2. 昂天蓮的果實

1

1. 昂天蓮成熟的果實

覺上造成了強烈反差。細細的花梗帶著紫紅色的花朵軟軟地低垂著，掩映在綠葉叢中，恬靜安然，如羞答答的新娘。然而，果實卻一反花兒的低眉順眼之態，粗壯的果柄齊刷刷地把果實高高舉起，倒錐形站立，一排排氣勢昂然，翹首枝頭！人們在驚喜之餘，不由納悶：在開花和結果的這段時間裡，花朵究竟發生了什麼，讓它向左轉或者向右轉動了 180 度，從而完成嬌羞到挺拔姿態的大變身呢？或許是花托的運動，又或是枝條的反轉，總之，目前科學還未能對其有一個合理的解釋。

昂天蓮又名鬼棉花，細看它的果實便知道其中的緣由了。蒴果五裂，頂端平截，呈海星狀，如一個「斗」字，上大下小；一粒粒黑亮的種子躲藏在子房壁白色的柔毛裡，好像睡在棉花裡一樣。成熟的果實立在枝頭，經久不落，像是一朵朵風乾的花朵。

如果說美麗的花兒總昂著頭，是驕傲的，飽滿的果實常低著頭，是謙虛的，那麼在昂天蓮這裡，恰恰相反：果實是飽滿的，昂著頭；花兒是美麗的，低著頭。世間萬事萬物具有多樣性，如黑格爾所說：存在即合理。

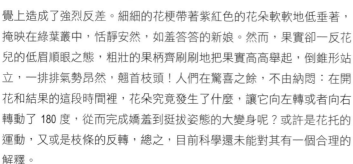

昂天蓮

昂天蓮果實

雞蛋花的選擇
The Choice of Frangipani

　　第一次在廣州街頭看到雞蛋花（*Plumeria rubra* 'Acutifolia'）的時候，我便被它的美麗吸引了。花如其名，花瓣外白內黃，底部的嫩黃色自然地過渡到了外部的白色，就像煮得恰到好處的雞蛋展示自己柔嫩的內心。整個夏天都是雞蛋花的表演時間，無數的白色花朵從綠葉中鑽出來，簡直就是一個大花束。到了冬天，葉子全部掉光的雞蛋花，只剩下光禿禿胖乎乎的枝幹，硬生生地指向天空，這種情形讓人憑空為它擔心，怕它再也發不出芽來。

　　然而到了三四月份，雞蛋花的枝頭開始長出小小的葉片，新鮮而靈動，像是點綴。橢圓形的葉片，有漂亮的葉脈。花朵開在葉片中間，仔細觀察就會發現，它們的花瓣是一瓣壓在一瓣上面生長的，這種特殊的排列方式稱為覆瓦狀排列，屋頂的瓦片不就是這樣排列在一起的麼？奇怪的是它居然沒有花粉囊和柱頭，只有花瓣。按照植物花朵的終極使命，開出那麼美麗而芳香的花朵，自然是為傳粉者準備的。但是它的形態完全不利於下一代的產生啊。難道它們開花是為了自我欣賞嗎？不是的，雞蛋花為了適應特定的授粉昆蟲，花蕊演化成小小的，深藏在花冠底部，雖然不容易

1-2. 雞蛋花

雞蛋花，廣東、
廣西民間常採其花，
曬乾後泡茶飲。

察覺到，但仍然具有雌雄蕊。因為它原產中美洲與加勒比海地區，如
果栽培地點沒有與原產地相似的昆蟲，便不容易受粉結果。在熱帶氣
候區栽培時，如果該地有相似的昆蟲，就容易看到牛角型的果實掛在
樹上的景象。除非有育種的需求，使用人工授粉來取得種子播種，否
則扦插方式的繁殖方法最快。在初秋，我們經常見到它們的枝頭掛著
一兩個牛角形的果莢。夠幸運的話，還能看到它們裂開的果莢，種子
帶有薄薄的翅膀，一陣秋風，就把它們刮得無影無蹤。雞蛋花的花期
從 4 月一直到 11 月，按理說，肯定不止收穫這些零星。原來睿智的
雞蛋花，給自己留了一手。注意到它光禿禿的枝條了嗎？隨意將它們
折一段下來，往泥土裡一插，過幾天去看，它們活了，長出了葉子。
想想都不可思議，它們如此強悍的繁殖能力，與榕樹相比，一點都不
差。但是雞蛋花有著正直的君子氣，不像榕樹那樣善於攀附，榕樹對
一些植物而言，可是超級殺手。

　　雞蛋花在傳宗接代上，在兩種方式之間搖擺不定，可實際上都做
得不夠好。第一種方式，種子能夠飄飛，但是能力不足，而且數量也
遠遠不夠；第二種方式扦插，效果雖然明顯，但不利於基因改變。隨
著時間的推移和環境的改變，我們相信，地球上的雞蛋花一定會作出
一個相對肯定的決定。

沒有花瓣的無憂樹

Flower Without Petals—— Saraca

　　每到春季，華南植物園裡的中國無憂樹掛滿枝頭，橙黃一片，為我們帶來溫暖的色彩。自 1974 年從廣西大青山引種回來後，它們在華南植物園裡繁殖良好，現在園區內到處可見芳蹤。

　　無憂樹是一種重要的佛教聖樹，是佛教五樹六花之一。據佛書記載，佛教「祖師」釋迦牟尼, 就降生於無憂樹下。有趣的是，無憂樹的葉是羽狀複葉，深紫色的嫩葉剛出來時，柔軟下垂，宛如被大雨淋透的袈裟。

　　無憂樹盛開時, 整個樹冠都被金黃色小花覆蓋，遠遠看去滿樹燦爛。然而，無憂樹的花沒有花瓣，金黃色部分為花萼裂片與花苞片，植物學上稱這類花為「不完全花」。在一朵花中，萼片、花瓣、雄蕊、雌蕊四部分，缺少其中一至三部分的叫不完全花，像無憂樹這樣直接把花蕊長長地暴露在外面，其實更便於昆蟲的授粉。每到秋季，無憂樹上就會結滿長長的豆莢。

　　哲學家說：世上沒有兩片葉子是相同的。然而在現實世界裡，不要說區分同一棵樹上的兩片葉子，就是同科同屬的兩種不同植物，由於外

1. 中國無憂樹 / 甯祖林 攝
2. 垂枝無憂樹 / 甯祖林 攝

上面花萼裂片，
下面花苞片

中國無憂樹

形相似，往往也是難以辨別，容易造成混淆的。不過只要用心區分，就會發現，其實每一個物種都有其獨特的地方。

中國無憂樹（*Saraca dives*），豆科（*Fabaceae*）無憂樹屬，多年生喬木。在華南植物園的繁育中心裡，還種植著一種盛開在初夏的無憂樹，它就是垂枝無憂樹（*S. declinata*）。兩者的主要區別為：

中國無憂樹：雄蕊 8-10 枚，花期 3-4 月。葉柄長，約 4 公分，較耐寒，在廣州可以露天過冬。原產中國、老撾、越南等地。中國科研人員在 20 世紀 80 年代的研究表明，中國無憂樹還是紫膠蟲的寄主植物，用於紫膠原料（用作藥材、染料等）生產。

垂枝無憂樹：雄蕊 4 枚，花期 5-6 月。葉柄短，1.5-2 公分。怕寒冷，在廣州度冬，需要覆蓋薄膜至天氣回暖。原產緬甸、馬來半島、泰國等地。

1. 中國無憂樹 / 鄧新華 攝
2. 中國無憂樹的果實
/ 鄧新華 攝

最是橙黃橘綠時
——果實的智慧

&

When Oranges Turn Yellow and
Citruses Turn Green
—— Wisdoms of fruits

自帶武器的辣椒

Hot Pepper: Armed With Weapon

辣椒為什麼會有辣味？或者說，它幹嘛要這麼辣？幾年前，有朋友這樣問我，我想了又想，卻完全沒有頭緒，因為這似乎是理所當然的。然而，世上的萬事萬物均有它的因果，「辣」的產生也自有它的緣由。

查閱資料後才知道，這是因為聰明的辣椒，耍了個小手段，以便讓自己的後代能順利出生成長。可以說辣椒是天生自帶著武器——讓人痛哭流涕的辣椒素。這武器足以讓除了人類以外的哺乳動物望而生畏。它這麼辣，無非是想嚇走那些怕辣的動物們，而把果實留給不怕辣的鳥類。

辣椒的種子小而薄，被哺乳動物吃進肚子後，經過強力的消化道，排泄出來的種子就不能再發芽。而消化能力相對較弱的鳥類，種子被排出體外後，依然可以發芽。因此，鳥兒能幫辣椒把種子散播到其他地方落地生根。

辣椒

風鈴辣椒

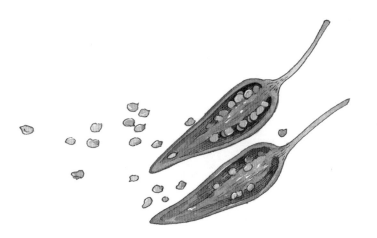

辣椒

Capsicum annuum

辣椒是茄科（*Solanaceae*）辣椒屬草本植物，原產於南美洲的熱帶地區，已有七八千年栽培歷史，是人類最早栽培的農作物之一。哥倫布航行美洲時，把它帶到了歐洲。明末傳入中國，最初僅用於觀賞栽培，直到清代，中國人才開始吃辣椒。目前，中國的辣椒產量已達世界第一。

生辣椒中的辣椒素具有降低血壓、舒張動脈的功能，因而可用辣椒素製成藥膏，舒緩風濕痛、關節炎疼痛、神經痛以及手術中的疼痛等。在墨西哥，它是治療牙痛的傳統藥方。而在非洲某些地區，辣椒被用來保護農作物，將它們掛在鐵絲網上，散發出的濃烈味道能使大象不敢太靠近。辣椒除了可用作調料外，辣椒素有抑制細菌、真菌的作用，因而也被開發用於生物農藥。它還是製作軍事和警備中的催淚彈、催淚槍的原料，因它既有催淚功能，又對人體無毒副作用。它還可以做成輪船外層的特殊塗料，用於防止海洋生物和海藻的附著。還有人嘗試在電線中加入辣椒素類化合物，以趨避鼠害。

　　那麼，小鳥為什麼不怕吃辣椒呢？難道鳥兒喜歡辛辣的口味麼？非也，其實是因為鳥類的味蕾沒有人類那麼多，只能分辨出幾種味道，並沒有相應的受體，因而吃辣椒時完全沒有任何感覺。並且辣椒素可以促進鳥類的腸胃蠕動，從而加快種子的排泄。它那小巧、長形的誘人果實，就是為了方便鳥類吞咽。此外，辣椒還可以補充鳥類如鸚鵡所需的花青素、辣椒素和維生素等元素。

　　辣椒的辣味，能保護辣椒果實不被真菌腐蝕和齧齒動物啃咬。但這也是個利益的博弈，研究發現，有辣味的辣椒植株失水更多。所以如果真菌之類的威脅不大時，太辣就不一定划算，因而也有很多不辣的辣椒存在。

　　把辣椒從中間縱向切開，可以看到果實內側有許多種子，使辣椒變辣的成分就藏在這些種子裡。辣椒的辛辣味，來自辣椒素分子，主要含在果實的胎座、果皮、種子中，尤其種子內皮的濃度特別高。它能刺激人的末梢神經，產生一種痛覺。所以辣味其實是防止自己被吃掉的一種自衛方式。

瓠瓜樹

瓠瓜樹果實應該掛在哪裡

Where Should the Fruit of Calabash Tree Hang

提到炮彈，人們可能首先會想到震耳欲聾的爆炸聲和四處橫飛的彈片，以及令人不寒而慄的死亡。而在植物界，也有一種植物，因其果實的形狀酷似炮彈，在中國被稱為砲彈果，台灣稱瓠瓜樹。

別以為它的名字帶有濃烈的火藥味，就會讓人敬而遠之。其實瓠瓜樹在華南植物園是很受遊客歡迎的。每到結果期，這些掛在樹上

瓠瓜樹
Crescentia cujete

瓠瓜樹是紫葳科（*Bignoniaceae*）葫
蘆樹屬常綠小喬木，為典型的熱
帶雨林「老莖生花」植物，花、
果單生於小枝或老莖上；花冠鐘
形，淡綠黃色，具褐色脈紋，有
深裂。原產於熱帶美洲，中國廣
東、福建、海南及台灣等地有栽
培。

的西瓜般大小的傢伙，總會吸引很多遊客駐足觀賞。這種奇異的
果實生長速度很快，小小的幼果不出幾天直徑就能達 20 公分，
最大的能達到 40 公分呢。

　　瓠瓜樹果實選擇的生長位置是很需要智慧的。有些不幸的果
實剛好長在樹枝的三杈位上，那它這輩子就註定不完美了，隨著
果實體積的增大，果實就被卡在樹杈裡，即使能再生長，表皮也
會被擠壓，輕則果皮會有幾道凹痕，嚴重者整個果實都會變形。
當然別以為長在枝條的頂端就能高高在上，它的重量通常會把整
個枝條都壓垮，直到枝條斷裂，還沒等到果實成熟就夭折了。那
麼長在近地面的粗壯主幹上總該安全點了吧，按道理應該是這
樣，畢竟不受橫穿出來的枝條的擠壓，也少了頂端搖搖欲墜的危
險，但是靠近地面，動物們唾手可得，常常還是幼果的時候就已

1. 瓠瓜樹的花
2. 卡在樹杈裡生長的瓠瓜樹果實
3. 掛在枝頭生長的瓠瓜樹果實
4. 瓠瓜樹果實剖面

經被螞蟻、老鼠等幹掉了。所以通常我們看得到的掛在樹上的成熟果實,大多生長在離枝條分杈點約 20 公分處的位置。這個位置上長出的果實,是比較安全的,因為掛在一個比較適宜的高度,能很好地接收到陽光;同時二級枝條也有足夠的力量懸掛重達十斤的果實。我們站在樹下觀賞,也不用擔心它哪天會掉下來砸到我們的頭。

瓠瓜樹果實外觀青綠光亮,又像西瓜,又像葫蘆,讓人誤以為是一種美味的熱帶水果,其實它只有好看的皮囊,並不能食用,它的果肉粘稠狀,有異味,口感不良。當然除了觀賞價值,因為果殼堅硬,常被用來製作容器或是工藝品。

舌尖上的魔術師 —— 神秘果

Magician of Taste—— Miracle Fruit

　　Miracle Fruit，從英文名來看神秘果其實是「神奇果」，而不是神秘，也許是因為起初人們不知道它為什麼如此神奇，而覺得神秘吧。這種貌不起眼的果實，幾乎沒有什麼果肉，核大，吃上一粒，感覺果肉有點甜，果汁覆蓋味蕾，吃完後稍微過一會兒再咬一口檸檬，這時就神奇了，酸檸檬僅僅有一絲酸味，更多的是清甜的味道，加上檸檬果肉清脆，更像是在吃柚子。

　　神秘果（*Synsepalum dulcificum*）是山欖科（*Sapotaceae*）神秘果屬的常綠灌木，原產於非洲，當地人常利用它來調節食物的味道。它能使酸檸檬變得甜而可口，能使酸棕櫚酒變得醇香，也因而被稱為變味果。神秘果為什麼能改變味覺呢？美國佛羅里達州立大學嗅覺與味覺研究中心的琳達博士從神秘果裡分離出一種特殊的醣蛋白，稱為非洲

奇果蛋白（*Miraculin*）。這種物質本身不甜，可是它的溶液能對舌頭上的味覺感受器發生作用。原來，我們舌頭上有許多味蕾，能分別感覺酸甜苦辣鹹等味。食用神秘果後，味蕾感受器的功能暫時被醣蛋白擾亂，對酸味或者其他味敏感的味蕾感受器，暫時受到麻痺和抑制，而對甜味敏感的味蕾感受器卻興奮活躍起來。因此，嚼了幾口神秘果再吃酸性食物，你會感覺甜香滿口。當然神秘果的這種醣蛋白的作用並不是永久性的，只能持續半個小時左右，隨後就會失效。醣蛋白的作用並不能改變食物本身的酸味，只能改變舌頭上的味覺。

因此，神秘果可以做酸性食品的助食劑，或製成可滿足糖尿病患者甜味需求的變味劑。神秘果每年有兩次明顯的花果期，花開白色，伴有淡淡椰奶香。果肉含有豐富的醣蛋白、維生素等，常吃熟果，能很好地降低高血糖、高血壓、高血脂，對痛風、頭痛等疾病也有很好的治療效果。

1963 年，華南植物園主任陳封懷、西雙版納熱帶植物園主任蔡希陶以及中國醫學科學院的肖培根組團訪問非洲迦納時，將神秘果帶回國內，試種成功，從此，神秘果在中國紮下了根。

海漂一族 —— 海檬果
Sea Drifters

五月的夜晚，海檬果滿樹花開時，散發出淡淡的茉莉香味，吸引了無數的金龜子，爭先恐後地趕過來，這是它們的好時光。忙碌的金龜子們在花朵上吃飽喝足，順便結婚生子，不亦樂乎。

接受過金龜子洗禮的花兒，完成授粉使命之後，就會結出酷似芒果的果實，先綠後粉，再變為橙紅色，最終為黑色，內果皮木質或纖維質。

生長在海濱濕地或紅樹林的海檬果，它們的果實成熟後就掉落到海裡浪跡天涯，尋找安身之處。當它最終靠岸著陸時，往往只剩一層纖維包圍著，但種子依然硬實，這樣反而有利於它們發芽紮根。與海檬果同

海檬果

Cerbera manghas

海檬果在野外樹高可達 12 公尺，別名黃金茄、牛心荔。因果實像芒果，又生長於海岸邊而得名。但其實它和芒果沒有親緣關係，芒果是漆樹科植物，海檬果卻來自經常出「毒物」的夾竹桃科家族。它喜歡溫暖濕潤的氣候，姿態優美，滿樹繁花，適於庭園栽培觀賞或用於海岸防潮。在中國主要分佈於海南、廣東、廣西及台灣等地。海檬果花冠為白色，花朵中央為粉色，雄蕊著生在花冠筒喉部。在新加坡，海檬果被列入瀕危物種紅色名錄。

海檬果，花雖美，
果實卻有劇毒。

為海漂一族的，還有我們很熟悉的椰子、紅樹林植物等。

　　可是，果實們千辛萬苦地漂洋過海靠岸後，萬一被動物們吃掉了，那不就功虧一簣了嗎？別急，海檬果還有其他保護自己的絕招呢。它的屬名*Cerbera*就暗示了它可不是好惹的，該詞來自希臘語Cerberus，意為希臘神話中的地獄犬，暗喻它含有劇毒，這種劇毒可以斷絕動物想偷吃的念頭。

　　原來海檬果全株有毒，莖、葉、果都含有劇毒的白色乳汁，果實煮熟後毒性更大，僅兩克就足以致命——它含有氫氰酸和海檬果鹼。然而，只要使用得當，它們的樹皮、葉子和乳汁均可以作為催吐劑、瀉藥。

　　此外，它的果實裡含有一種精油，具有特殊的香味和光澤，早期緬甸人曾用它做化妝品。在馬來半島，還流行用海檬果精油塗抹皮膚，可以止癢；用來洗頭髮，可以殺死蝨子。同時由於有毒，它也可以用於消滅害蟲。

1. 海檬果的花
2. 金龜子和海檬果
/ 李令東 攝

香蕉花

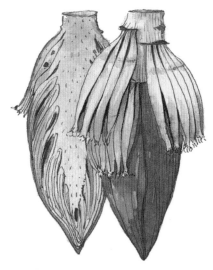

兄弟姐妹眾多的香蕉

Many Brothers and Sisters
—— Bananas

香蕉大家都吃過，可它是怎麼長出來的，你可能就不一定清楚了。

有句俚語說：芭蕉開花一條心。要是看過芭蕉開花，你就會明白。香蕉的整個花序是下垂的，長長的花序軸底下，吊著像荷花花苞一樣的花蕾，花蕾按順序不斷地開放苞片、開出花，並按順序結出果來。

在鄉村郊野或市場裡，有時能看到直接從香蕉樹上砍下來的整串長香蕉軸，長達 1 公尺，幾乎和五六歲小孩一樣高。如果你湊近仔細觀察，可以注意到香蕉們都是朝上彎曲著生長，像螺旋而上的樓梯一樣排列。在樹上自然成熟的香蕉，是從最頂上開始變黃的，說明它是老大，越往下越小。

1. 香蕉
2. 香蕉花

　　由此，我們也就知道，香蕉的小花是從上面開始往下依次開放，接受授粉的。為了更好地保護小花兒們，在長大前，長圓形的紫紅色苞片（也就是一種變態的葉子）會把它們緊緊包起來。而當苞片向外翻折時，我們就知道，花兒們已經準備好了。

　　到了晚上，有一枚花苞片會先打開，露出 1-2 列淺黃色的單性花。先是上面（靠近葉子的一端）的雌花陸續展開，然後才是雄花。雄花有個小金魚肚子似的小袋子，裡面裝著花蜜，專門用來招待幫它授粉的太陽鳥（有著尖尖的鳥嘴）和蝙蝠。授粉後的雌花們，陸續結成一個個香蕉。至此，苞片們完成了保護花兒們的使命，在花兒們接受完「成年禮」之後就脫落了。

　　所以，每條香蕉都是由一朵花發育出來的。在溫度足夠的地方，香蕉媽媽不停地有序地開著花，生產出兄弟姐妹眾多的香蕉寶寶們。一個香蕉軸上能長 3-20 串香蕉，每一串最多可達 20 只。

　　香蕉雖然很高大，可以長到 2-3 公尺高，但它並不是樹，而是一種大型的草本植物。每年從原來的母株旁會長出新的小株，母株逐漸死亡，而小株則長大並取代它。香蕉的葉子、莖可用於造紙及制繩。其假莖中的纖維曬乾後，可以作為引火的點燃物，臺灣的原住民利用這種強韌的纖維，來製作香蕉衣，或編織成書籤等。而在東南亞和中國雲南、海南地區，香蕉潔白的嫩芽和花芽，可作為美味的食材用於烹飪。

芭蕉屬
Musa

香蕉是著名的熱帶水果，已有上千年的栽培和雜交育種歷史，是小果野蕉（*Musa acuminata*）與野芭蕉（*M. balbisiana*）的雜交種。切開香蕉後，我們能看到香蕉的剖面，有很多黑色的小點，看上去像種子，但它們已經不是種子了。因為現在吃的香蕉是三倍體植物，不能生成種子。目前多採用香蕉的吸芽和地下莖來繁殖香蕉。

中國是世界上最早栽培香蕉的國家之一，野生香蕉和野生芭蕉在古代被統稱為「甘蕉」或「芭蕉」，早年常用於園林造景，留下了不少詠頌的詩歌，如唐代詩人李煜的「簾外芭蕉三兩窠」，南宋詩人蔣捷的「流光容易把人拋，紅了櫻桃，綠了芭蕉」。

兒孫自有兒孫福
—— 種子的智慧

&

The Younger Generation
Get Their Own Bless
—— Wisdoms of Seeds

鐵冬青成熟的果子是紅色的，
烏鶇很愛吃。

種子的旅行

Seeds' Travel

　　小時候，你是不是也幻想過環遊世界？

　　旅遊的時候，你可以選擇走路、騎車、搭車、乘船、坐飛機，甚至搭太空飛船，一切隨你高興。可是植物們，這些不能移動的朋友，它們又是如何實現自己的心願呢？

　　它們小時候，也就是當它們還是種子的時候，其實也有多種辦法實現「旅遊」。

　　航空型，也是最威風的一種，適合於那些自帶降落傘或羽翼的種子，風姐姐來的時候，它們就可以四處飄舞。當然一般只有身輕如燕的種子們可以禦風而行，如大家熟悉的蒲公英種子、楓樹種子等。

　　航海型，這些夥伴，身上往往有具浮力的「游泳圈」外套（如椰子的外部裹有椰棕），一旦漲潮，它們就能隨波逐流，好不歡樂，

待到潮落，它們才落地生根。典型的有椰子、海檬果、玉蕊屬等植物。

偷懶型，又稱「搭順風車」型，或「死纏爛打」型，這類種子往往身上長滿倒鉤，當有人或動物走過時，就趕快附著在人家身上，直到自己被發現被甩落下來。在野外走過的你，一定有過這種惱羞成怒的時刻，心愛的毛衣或褲子上沾滿了這些可惡的小毛球。它們的代表有蒼耳、鬼針草等。

好動症型，或叫彈跳型。成熟後，果皮裂開，種子彈出，至於能去到哪裡，就要看它們能蹦多遠了。例如很多小孩都玩過這樣的遊戲——擠鳳仙花的果實，讓黑色的小種子們蹦達出來。

身不由己型，就如一些被外調出差的人們一樣。小鳥會選擇好吃的果實作為自己的美餐，這些果實的種子往往就隨鳥糞排出，靠著「原始積累」（鳥糞也是肥料），得以茁壯成長，如鐵冬青、榕樹等植物。

鳳仙花的果實成熟後，
會自動炸裂開。

　　戀家型，和戀家的人一樣，也有些種子終身未離開過家，這些不愛出門的種子，往往成熟後就直接落在自家門口，可謂「肥水不流外人田」，如花生。

　　啃老型，還有一些種子不但不愛出門，而且長大後也賴著不肯走。它們的新芽往往從葉子或花朵中長出，一直靠母株養著，直到母株葉子衰弱或花朵凋落，它才終於脫離母株獨立生長，如紅樹、水筆仔等的「胎生」現象。

1	
	2
3	4

1. 蒲公英的果實 / 鄧新華 攝
2. 蒼耳果實 / 柯蕭霞 攝
3. 三葉鬼針草的果實 / 鄧新華 攝
4. 鐵冬青的果實 / 鄧新華 攝

大樹「生」小樹
Big Trees "Give Birth to" Small Trees

1

1. 胎生狗腎蕨

胎生植物
Viviparous plant

中國稱植物胎生分為真胎生和假胎
生。「真胎生」是有性生殖產生的
種子成熟後吸取母體的營養繼續生
長，果實脫離母體前直接在植株上
發芽的現象，即種子胎生，紅樹科
植物如紅樹、水筆仔等就是典型的
種子胎生植物。「假胎生」是植株
體上的營養器官如胞芽、珠芽、不
定芽、葉片等，在母株上發育為幼
芽，自然狀態下脫離母體形成新的
植株，又稱為營養體胎生。大多是
在長期適應乾旱、冷涼、高溫等惡
劣環境條件下進化出的結果，是繁
育途徑的一個重要補充，如睡蓮、
龍舌蘭、胎生狗脊蕨、青莢葉等。

　　開花植物的種子成熟後，大多會先脫離母體植物，等待適合
的環境再萌發，這是我們最常見、最熟悉的植物繁殖方式。然而
令人驚奇的是，在植物界有少數植物具有類似動物的胎生繁殖方
式。想像一下，動物的受精卵能夠在母體子宮發育為胚胎，吸收
母體的營養直至胎兒出生時為止。而這些奇異的植物，也在開花、
傳粉、受精和結實後，果實並不脫離母體，果實裡的種子開始萌發，
幼小植株從母體獲得營養，並在適當的時候脫離母體落地，成長
為一個獨立的新植株。整個過程看上去就像大樹「生」小樹一樣。
這些植物利用胎生方式繁殖後代的過程，與哺乳動物生養後代的
行為相似，因此被稱為「胎生植物」。

　　植物界最著名的胎生現象，就發生在海邊的紅樹林裡。對於
這個胎生大戶，我將另外用專門的文字來詳細地介紹它。雖然同

為胎生植物，但它們安頓「胎兒」的方法可是各顯神通，有些將「胎兒」安頓在花上，有些將小生命直接放在葉子上發育，還有比較謹慎點的就放在果實裡。

我們熟悉的睡蓮（*Nymphaea tetragona*）的新幼體多從花朵中長出，而熱帶睡蓮則主要從葉片長出，從葉片與葉柄結合處長出幼小植株。在母體葉片的幼葉期，即可明顯看到葉臍處出現毛狀物，隨著葉片的長大和成熟，葉臍漸漸長成完整的小植株。小小的植株當然捨不得馬上離開母體，當老葉漸枯後，它就靠葉柄與母體相連獲得營養，待葉柄腐爛後，小苗即可離開母體自由漂流了。由於每一片葉都可以長成一個新植株，其繁殖係數特別大，常常會使整片池子長滿睡蓮，這就嚴重「超生」了。

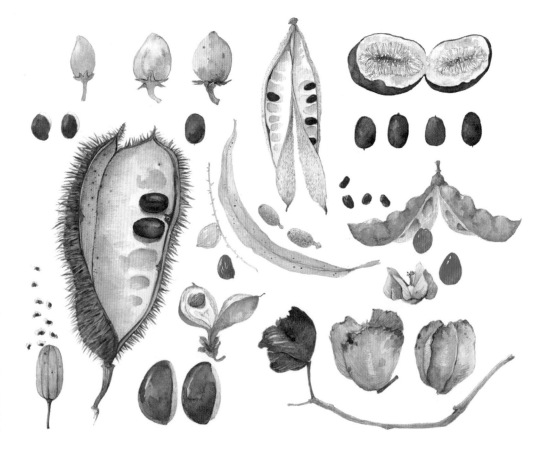

珠芽狗脊蕨（*Woodwardia prolifera* ）是一種很奇特的植物，可以見到葉片上長有很多小芽，像是從葉片上生出仔株一樣。大家都知道，蕨類植物因為沒有花果的出現，傳宗接代的重任一直落在小小的孢子肩上。成熟的孢子從孢子囊群散發出去後，在合適的條件下萌發，形成配子體，通過發育最後長成常見的蕨類植物。而奇特的珠芽狗脊蕨，它們成片生長在靠近水源的山坡上，當繁殖季節來臨的時候，除了在葉背上形成孢子囊群之外，葉面也有不同的動靜，就是會產生不定芽。起初，羽狀複葉的小葉主脈兩側會有無數的小突起，經過努力，它會衝破葉片，同時褐紅色的鱗片也鑽了過來。一切就緒後，匙形的小葉便顯露出來，用不了幾個星期，葉面便密密麻麻地長滿小植株，只要輕輕一碰，它們就從母體脫落下來，如果條件適合，小植株就會在土壤中紮根，開始獨立生活。

　　植物的這種胎生現象是植物在長期的進化過程中，逐漸形成的對特定生長環境的一種適應能力，是植物抵禦不良環境並繁衍種族的有效途徑。植物多樣的胎生繁殖現象，有助於我們從另一個側面瞭解植物界的多樣性。

1-2. 睡蓮的「胎生」

在母體葉片的幼葉期，即可明顯
看到葉臍處出現毛狀物。

睡蓮珠芽繁殖。
熱帶睡蓮珠芽繁殖新幼體從葉臍處
（葉片與葉柄相連處）長出。

粉色睡蓮。

牡丹花的使命

The Mission of Peony

1	2
3	4

1. 散落於花瓣上的花粉
2. 蜜蜂的造訪
3. 蜜蜂哄搶花蜜
4. 授粉後的一片狼藉

有時，我會覺得植物為了實現子孫後代的不斷繁衍，用盡各種各樣的方法，其中最普遍的方法就是開花結果，把繁衍的任務交給種子，這種繁殖方式稱為有性繁殖。

而對於牡丹（*Paeonia suffruticosa*）來說，有性繁殖最是昂貴，需要付出畢生的代價。為了製造種子，牡丹一次次將積蓄的能量交付給花朵。雖然花有華麗的外表，備受人們的喜愛，但是在牡丹眼裡，花只有一個利用價值，那就是授粉。為了引起媒介動物們的注

意，聰明的牡丹花，開出大大小小的花朵，形成與眾不同的花色，還遠遠地散播著香氣，等待著動物們的造訪。為了成功授粉，牡丹可謂付出了昂貴的代價，花蜜被盜掘一空，花蕊被糟蹋得東倒西歪，花瓣裡一片狼藉，完全失去了國色天香的尊容。同時花朵的使命也即將結束，它要把下一站的任務交給果實。只是牡丹花不知道，千百年來它在完成授粉任務的過程中，比起別的植物，其花朵獲得了更多來自人們的讚許，所以它是幸運的。牡丹的果實全身心地守護種子的安全，而播下去的種子就是下一個生命的開始。野生狀態下的牡丹，主是採用上述這種勞心費力的繁殖方式。

　　關於牡丹的另外一種繁殖方式，它的名字已經得到很好的闡釋：「雖結籽而根上生苗，故謂牡，其花紅，故謂丹。」這是牡丹的無性繁殖方式。牡丹是叢生的灌木，根莖能不斷延伸，同時根芽可以不斷成苗，因而可直接將其分株。這是牡丹最廉價、最簡單的繁殖方式。在無性繁殖方面，牡丹已從傳統的嫁接、分株等方式，向現代生物技術如組織培養方向發展。因為經過長期的人工培育後，牡丹的花蕊會退化，多變為花瓣，大多失去了結實的能力，所以無性繁殖成為保持牡丹優良性狀的主要繁殖方式。

植物的生存智慧 — 兒孫自有兒孫福 — 種子的智慧

牡丹

有洛陽花、富貴花之稱，是芍藥科（*Paeoniaceae*）芍藥屬多年生落葉小灌木。芍藥屬有 40 多種，分佈於北溫帶，大多產於亞洲，也有部分種類分佈在歐洲南部和北美洲西部，原產於中國的有 12 種，全部分佈在西南、西北、華北和東北。牡丹生長緩慢，根肉質，粗而長，中心木質化。民間有「穀雨三朝看牡丹」之諺語，因為每年的穀雨時分，即 4 月中下旬至 5 月，是牡丹花開時節，而它的果實要到 9 月才成熟。

牡丹花。

誰的孢子在飛？—— 鹿角蕨

Whose Seed Is Flying?—— Staghorn Fern

　　世界上到底有沒有不開花結果的植物呢？或許你會說，不開花結果，植物豈不是滅絕了？然而在植物界，確實有一類植物，它們已經有根莖葉的分化，但沒有漂亮的花朵和豐碩的果實。它們就是蕨類植物。而鹿角蕨在蕨類植物中又是比較奇特的一個類群。它原產於澳洲和亞洲熱帶雨林中，鹿角蕨屬全世界大約有 18 種，中國有一種，名為鹿角蕨（*Platycerium wallichii*），也被稱為蝴蝶鹿角蕨。

　　有趣的是，鹿角蕨並不是長在地裡，一般附生在樹幹或岩石上。仔細觀察，你會發現它有兩種不同形態的葉子，上部的葉子像一個個弧形的鍋蓋立著，緊密地附著樹幹或岩石，這些被稱為營養葉。它可以進行光合作用，為植株提供營養物質。營養葉乾枯後也不掉落，甚至只剩下葉脈凋零的老葉，依舊留在植株上。別小瞧這些老葉，它的作用大著呢。它們能儲存腐殖質，並保護根、莖和貯水組織。另一種形態的葉子長在植株下端，更加引人注目。一片片長條形的葉片像鹿角一樣斜生出來，先端二叉開裂，呈扇形展開，它們被稱為孢子葉，這也是其類群名字的由來。

鹿角蕨，它的孢子長在
孢子葉的背面。

你可能會覺得奇怪，鹿角蕨不會開花結果，那它怎麼繁衍後代呢？它的秘密就藏在孢子葉上。翻開孢子葉的背面，你會看到上面密密麻麻布著褐色的粉末，這就是孢子的「集中營」。孢子太微小了，我們肉眼是不容易看到的。孢子一旦成熟後，就會拼命地從集中營裡往外擠，外面的「房門」再也擋不住了，紛紛開裂。每個小房間裡露出許多孢子囊。當孢子囊擠破「門窗」後，孢子們一個個四處奔跑、隨風飄散，幸運的落在適合生長的土壤裡，直接發育成個體，有的則隨雨水漂泊，消失得無影無蹤。

按理說它們的後代應該漫山遍野才對，然而大自然給它們的生存機會並不多。由於找不到適合的環境，大部分孢子會夭折，即使有存活下來的也將面臨環境的考驗。據考證，在遠古時代，蕨類植物曾經主宰著整個地球，後來由於地殼的變遷，大多數蕨類植物滅絕了。而鹿角蕨是在後期出現於地球的物種，比起種子植物，是較低等的植物。但它對生存環境要求極高，只生活在 210-950 公尺的山地雨林裡，因此在中國僅分佈於雲南西部的盈江縣銅壁關自然保護區內。

上天入地的花生

Peanuts: Blooming on the Ground and Bearing Fruits Underground

花生大家都吃過，但花生從哪裡來，可不是人人都知道的呢。

「一歲一枯榮」，花生就是我們常說的一年生草本植物，當年開花結果後死掉。花生又叫「落花生」，這是因為它有一個有趣的特性——它會自己種自己的種子。我們都知道，果實是從花朵變化而來的。然而，花生那明亮的小黃花明明都開在地面上，為何果實卻跑到了地底下呢？它究竟是怎麼上天入地的呢？

如果你曾在家裡種過花生，仔細觀察，就會發現黃色的小花授粉後，雌花的子房柄開始伸長，如同一根針，叫做果針。果針會慢慢地向下延伸，最後鑽到土壤裡。

因為花生必須要在黑暗中才能結果，如果將花生的子房暴露在光照下，它們就會停止發育。所以種花生時，要選擇鬆軟的沙

1

1. 花生的果實 / 鄧新華 攝

花生
Arachis hypogaea

花生是豆科（*Fabaceae*）落花生屬草本植物。所有的花生家族的野生種類都分佈在南美洲，大概7600 年前，當地人就已經開始栽培種植花生。古代印地安人把花生叫做「安胡克」。花生仁的脂肪含量約為 50%，是世界上重要的食用油來源。據考古發現，中國約 4 千年前已開始栽培一種殼薄粒小、早熟油多的小花生。古代稱之為「長生果」「千歲子」。花生的葉子白天舒展開，晚上收攏起來睡大覺，這叫作植物的「睡眠運動」。

花生成長的過程。

地，這樣花生的果實才能輕鬆地鑽進地裡。花開的時候，你可以不斷加高土層，讓花生的子房能更輕鬆地鑽進地裡，結出更多的果實。

當花生的果針入土到一定深度後，就會橫著長在土裡。如果土中的溫度、水分適宜，子房就會變大，子房柄就負責給它輸送營養。最終，地下結出豆莢狀的果實，也就是花生果。

秋天，當地上葉子開始變黃時，人們就開始刨地挖花生了。我們吃的花生，其實就是種子，外面的果殼是果皮，紅色外衣是種皮。

可可的花與
果實都長在
莖幹上。

巧克力的媽媽 —— 可可樹
Chocolate's Mum—— Cacao Tree

　　第一次見到可可樹的花，你也許會驚詫於小小的花兒，竟然可以結出那麼碩大的果實，感歎這可真是充滿能量的樹啊。事實上，可可確實是一種高能量的植物。人見人愛的巧克力就來自她的種子——可可豆，所以可可樹又被親切地稱為巧克力的「媽媽」。

　　電影《阿甘正傳》裡有句話流傳甚廣：「人生就像一盒巧克力，你永遠不知道接下來會嘗到哪種滋味。」正是可可粉那香而略苦的特殊風味，造就了巧克力讓人著迷的口感。

　　可可原產於南美洲亞馬遜河上游，據說可可果是古代墨西哥「蛇神」的禮物，代表「喜悅的源泉」，並具有神奇的功力。據考古發現，早在 3000 年前的瑪雅王朝時期，瑪雅人和托爾特克人已利用可可豆來製作貴族的飲料。當地人甚至把可可豆作為流通的貨幣使

用。16 世紀，哥倫布發現了這種神奇的果實，隨後其製作方法傳到西班牙，傳遍歐洲，繼而風靡全球。

可可（*Theobroma cacao*），是錦葵科（*Malvaceae*）可可屬的常綠喬木，生長於潮濕的熱帶雨林低地裡，尤其喜歡待在那些高大喬木的樹蔭下。樹高達 15 公尺，樹冠繁茂，葉長達 20-30 公分，長橢圓形。它是典型的老莖開花結果，花簇生於樹幹或主枝條，白色，精緻細小。可可種下去 4-5 年後開始結果，每株每年可以結出 60-70 枚豆莢。果實酷似橄欖球，初為淺綠色，成熟後變為橙黃、褐紅色。30-50 粒種子（可可豆）埋藏在膠質果肉裡。可可豆經過發酵及烘焙後可制成可可粉。

可可豆營養豐富，含有多種蛋白質、脂肪、澱粉、維生素B和少量可可城。可可果肉可以做飼料，種子可榨油，經濟價值高。在加納，可可豆有「綠色黃金」之稱。可可與茶、咖啡並稱三大不含酒精的飲料。據稱，拿破崙當年出戰前，總會喝幾大杯熱可可，以補充體力。而巧克力，也被認為是可使人愉悅、補充能量的好食品。

現在主要的可可產地為南美洲和西非、東南亞等地。1922 年，臺灣的嘉義、高雄等地開始引種可可，如今海南、雲南、廣西、福建等地也有栽培。

剝開可可的果實，裡面
有白色的果肉和卵形的
種子。

天然的口紅著色劑 —— 胭脂樹

Natural Lipstick Colorant—— Annatto Tree

在崇尚自然環保的今天，如果你的口紅是用天然無毒的染色劑做成的，也許會令你感到安心許多吧。

現實生活中，確實有一種用於口紅著色的天然染料，無毒無味，它來自一種叫胭脂樹的植物。從它的種子提取出來的染料胭脂樹橙色素（Annatto），是一種朱紅色粉末，屬於類胡蘿蔔素化合物，也可用於糖漿、飲料、果醬、蛋糕等的著色。

這種染料來自胭脂樹種子外面猩紅色的肉質假種皮，主要由胭脂木素（Bixin）組成。胭脂木素不溶於水，卻可溶於熱酒精，染著性好，可調出黃色、橘黃色、橙紅色等色調。

在西印度群島，當地人喜歡將胭脂樹種子在熱水中浸泡幾天，待假種皮脫落懸浮於水中，再除去種子，放置發酵一周，直到色素全部沉積於容器底部，最後濾取沉澱曬乾，捏成餅狀保存或出售。自古以來，他們就有用胭脂樹色素塗抹身體、打扮自己的習俗，這不僅好看，還能防止烈日灼傷和蚊蟲叮咬。

1. 胭脂樹的花
2. 胭脂樹成熟的果實
（裂開可見種子）/ 鄧新華 攝

胭脂樹的果實像個毛
毛球，朱紅色的種子
假種皮可以直接拿來
染色。

胭脂樹

Bixa orellana

又名胭脂木，來自胭脂木科（*Bixaceae*）胭脂木屬，該科全世界僅有 3 屬 6 種，而中國僅此 1 屬 1 種。胭脂樹英文名為Achiote，來源於墨西哥的納瓦特爾字（*Nahuatl*）中的achiotl。原產熱帶美洲，17 世紀西班牙人將之引到了東南亞。中國廣東、雲南、廣西及台灣等地有引入栽培。

胭脂樹樹高 4-6 公尺，在廣州，花期從 6 月開始，花為粉色或白色，花瓣 5 枚，雄蕊占多數，酷似大朵的桃花或桃金孃，盛花時燦爛嫵媚。10-12 月，樹上長滿了一個個像絨球又像板栗的果實，成熟時呈紅色至暗紅色，非常豔麗，在巴西有「紅金樹」之稱。最後果實會變為黑褐色，炸裂開後，露出裡面橙紅色的種子。胭脂樹的樹皮可製作繩索，種子可藥用，為收斂退熱劑。木材摩擦容易生火。根莖和樹皮也含紅色汁液。

在中美洲地區，人們會在巧克力裡加入胭脂樹色素粉染色，可能是有著宗教儀式作用。他們也會拿它來作米飯的加味劑，因為胭脂樹色素中含有 2% 維生素 A，這樣既能給米飯加色，又能補充維生素 A。

胭脂木素是國際上通用的食用色素，具有生長快、產量高、提取容易、使用性能穩定等優點。自 19 世紀起，胭脂木素廣泛用於歐美國家，產品行銷 100 多個國家和地區。近年來，由於發現化學合成染料用於食品染色對人體有副作用，胭脂樹再度被人們所重視。

目前，全世界每年的胭脂木素產量達到上萬噸，大部分產於巴西東北部。在中國，1997 年經國家衛生部批准後，開始使用該種天然色素，雲南相關研究單位已開展胭脂樹色素的提取與穩定性等研究。

胭脂樹在中國也稱為紅木，需要注意的是，這種胭脂樹可不是我們傳統胭脂樹傢俱中說的「胭脂樹」。傢俱中的「胭脂樹」是明清以來對稀有硬木優質傢俱的統稱，有黃花梨、紫檀、酸枝木、雞翅木等。

1

1. 胭脂樹的果實

海邊的守護者

—— 紅樹林

—————— & ——————

The Guardian of the Sea
—— *Mangroves*

名字由來

The Origin of the Name

　　多年前，在一個烈日炎炎的日子，我走進了位於深圳灣北東岸深圳河口的紅樹林鳥類自然保護區。早上 9 點多鐘，正值海水漲潮，潮位達到最高，海水蒼茫，瞬間淹沒了樹林。就連高達 3 公尺的大片蠟燭果、水筆仔也淹沒在海水下，但依稀能看到它們碧綠的樣子。兩個小時之後，潮水開始退落，紅樹林像變魔術般露出水面。及至中午，海水退盡，那些鬱鬱蔥蔥的紅樹林開始在我的視線中蔓延。

在深圳 260 公里長的海岸上，在陸地的盡頭，海洋的開端，生長最多的植物就是紅樹林植物，它們是唯一一類在海灘上生長並可承受海潮浸潤的木本植物，也是唯一一類在陸地、海洋都可生長發育的兩棲類植物，同時也是陸地與大海交接處唯一的森林。

説到森林，我們首先想到的是北方的茫茫林海和原始森林，但很少有人知道，在這南方沿海，還有一種大片大片生長於潮汐地帶的森林。這種令人吃驚的植物就叫紅樹林。紅樹林，一個充滿詩意的名字。如果你沒有來過南方或者未見過紅樹林，那麼「紅樹林」三個字會讓你浮想聯翩，眼前浮現出醉人的秋色，甚至，你會把紅樹林想像成如火如荼的楓樹林。當你佇立海岸，看見鋪天蓋地的海底森林像綠色的波濤一樣向你湧來，若有人告訴你這就是紅樹林，你一定會感到無比驚訝：不會吧，怎麼一點紅色都沒有。

這是紅樹林的秘密。當你好奇地折斷一根紅樹的枝條，在斷口的樹皮處就會呈現出一片丹紅色。原來，紅樹林真的與紅色有關，看起來是綠色植物，一片丹心卻藏在心裡。紅樹林植物富含丹寧，樹材顯紅色，樹皮可提取丹寧做紅色染料。世界上有紅樹林的國家，都有將紅樹林植物提煉紅色染料的歷史。紅樹林（Mangrove）這個詞來自於西班牙語的「紅樹」（mangle）和英語的「樹叢」（grove）。歐洲人最早在熱帶美洲海邊看到了紅樹，印第安人用這種紅色的樹木做染料。在中國南部沿海的一些山村，20 世紀 70 年代之前，漁民還用紅樹植物來提取單寧酸，為自家織品染色。這種被浸染過的淺紅色布料，透氣、舒暢，穿在身上飄逸又清涼，很受漁民們的歡迎。

1 | 2

1. 廣州南沙紅樹林
/ 鄧新華 攝
2. 深圳紅樹林

兄弟姐妹

Brothers and Sisters

因為選擇了在大地和海洋的交接處生長，紅樹林植物的一生，註定會遇到無數的磨難。面對漲潮時的淹沒，退潮後的乾旱，棲息地的不穩定，加上悶熱的空氣，高鹽的海水，與陸生植物截然不同的生態環境等問題，紅樹林植物早已適應。作為古老的植物，紅樹林植物曾經和恐龍做過親密鄰居，科學家在晚白堊世地層的水椰的孢粉化石裡，就曾經捕捉到它們的痕跡。因此紅樹林植物是一個龐大的家族，由若干不同的常綠喬木和灌木組成的植物群落。據查，全世界紅樹林植物有 82 種，分屬於 24 科 30屬，其中中國有 16 科 20 屬 25 種，自然分佈於海南、廣東、廣西、福建、香港及台灣等地。顯然，紅樹林植物不是以某科或某屬植物「下海」後再繁衍分化發展起來的，它們是由不同的植物類群經歷過千百萬年來海風的吹拂、海浪的洗禮進化而來。之後，隨著生物學和生態學性狀的逐漸趨同，各種各樣的紅樹林植物也隨之生活在同一海岸潮間帶的環境。

但不是所有的南部沿海都適宜紅樹林生長。與紅樹林一起生長的陸生植物，也不一定就是紅樹林。在深圳紅樹林保護區，常見的紅樹林植物有：海茄苳（*Avicennia marina*）、蠟燭果（*Aegiceras corniculatum*）、紅茄冬（*Bruguiera gymnorhiza*）、水筆仔（*Kandelia obovata*）、海桑（*Sonneratia caseolaris*）、銀葉樹

（*Heritiera littoralis*）、老鼠簕（*Acanthus ilicifolius*）和黃槿（*Hibiscus tiliaceus*）等。同時，在海岸的陸地上，我還見到了另一種數量較多的植物：林投（*Pandanus tectorius*）。林投是紅樹林海岸常見的陸生植物，是一種可以長得很高的常綠喬木，有很多氣生根，果實像鳳梨，可以吃。但它與紅樹林無緣，不屬於紅樹林家族。

　　和嶺南的其他熱帶亞熱帶植物一樣，能生長紅樹林的地方需要這幾個條件：溫度、海岸地貌、潮帶、沉積物和土壤等。紅樹林植物起源於熱帶，通常情況下，最冷時月平均氣溫不能低於20℃。當然也有一些耐寒性強的，例如水筆仔，在氣溫 10℃ 左右也能生長。但如果低於 5℃，任何紅樹林植物都無法存活。至於海岸地貌，在河海沉積形成的三角洲地帶，這裡風浪相對平靜，沉積物豐富，易於紅樹林種子的固著與生長。所謂的潮間

帶，是指大潮期間的最高潮位和最低潮位間的海岸，紅樹林植物
在這一區域生長最為茂盛。沉積物和土壤是紅樹林發育的溫床，
更是不可或缺。

幾種常見的紅樹林植物：

●紅海欖（*Rhizophora stylosa*）：在濕地長有稠密的支柱根，當地人形象地稱之為雞籠
罩，花白色羽毛狀，花被堅硬的四瓣花萼所包圍，果實長達半公尺，上面有許多疣狀
突起，很容易識別。

●水筆仔（*Kandelia obovata*）：花朵白色，花瓣 5 片，果實為綠色，細長而彎曲，根部
有許多板狀根，外表像有許多條辮子。

●海茄苳（*Avicennia marina*）：枝幹瘦骨嶙峋，灰白色，堆在一起很像白骨。
通常生長於離海水最近的地方，被稱為紅樹林的先鋒樹種，有「海岸衛士的排頭兵」
之稱。

●老鼠簕（*Acanthus ilicifolius*）：紅樹林家族中個頭比較矮的成員，但凡見過其果實，也
就能猜出它的名字來歷，橢圓形的果實後面拖著長長的花柱，兩者恰似老鼠的身體和
尾巴，加上葉邊被稱為「簕」的尖銳鋸齒，便得其名。

●蠟燭果（*Aegiceras corniculatum*）：堪稱靠海而居的佳人，白色花朵清新脫俗，葉子呈
卵圓形，果實形狀如羊角，也像燃燒的蠟燭，所以也稱為蠟燭果。

●無瓣海桑（*Sonneratia apetala*）：如果你發現海邊的樹林裡大部分是喬木樹種，遠看呈
深綠色，那麼它極有可能就是無瓣海桑。它是 20 世紀 80 年代，華南植物園從孟加拉國
引種到海南和廣東來的。通常樹幹高達十多公尺，堪稱紅樹林家族的「偉丈夫」，小小
花朵自成一派，顯眼的柱頭像精緻的小傘，煞是俏皮可愛。

1. 海茄苳的果實
2. 水筆仔的花

淤泥之困
Mud Trap

　　對於紅樹林，將生長地選擇在淤泥和潮汐，是件痛苦不堪的事情。淤泥中富含微生物，耗掉了大量的氧氣，不利於樹木的根呼吸；同時淤泥太軟，海潮的衝擊力大，要支撐起高大的樹冠，也比較吃力。紅樹林植物不得不絞盡腦汁，用各種辦法來解決這些困擾。

　　如果你第一次走進茂密的紅樹林，首先會看到一個奇怪的現象：在你面前，有無數個大大小小的管道，縱橫交錯，從樹身上引伸出來，插入地下或水中。你甚至懷疑，是不是走進了一家大型化工廠。沒錯，這些「管道」就是紅樹林的支撐系統。它們是紅樹林的氣生根，也叫呼吸根。這些根，有時從樹幹四周長出來，潛入地下，然後又長出地表，鑽出水面，像地裡長出的無聲的筍。它主要負責解決

1. 紅茄冬的呼吸根
/ 徐曄春 攝

紅樹林的呼吸問題，功能類似於我們人類的呼吸系統。典型的紅樹林植物紅茄冬的呼吸根就很有趣，它的根先向上長，伸出地面後，再向下長，重新紮入泥土，如此反復幾次，地面上就多了一個個狀如膝蓋的拱起，稱為「膝根」。這些生於空氣中的「氣生根」質地疏鬆，中間貫通著無數空隙，根皮上佈滿氣孔，能直接暴露在空氣中呼吸新鮮空氣。

在海茄苳周圍的土地裡，也有一片又短又粗的「筍」從泥灘裡冒出。這就是海茄苳的呼吸根，它們浮出水面，交換氧氣。「筍」的周身密佈圓圓的氣孔，一旦退潮，大量的空氣從這裡吸入。

在爛泥地上，泥水交融，紅樹林更需要一種強有力的根基支持，才能站住腳跟。最典型的根是銀葉樹的板根和紅海欖的支柱根。板根生長很奇特，它由莖幹下方長出氣根，入土後向四周延伸，形成板狀的支柱根，就像在樹根下長出許多天然的三角板，這對巨浪有緩衝作用。支柱根從樹的主幹長出，向下彎曲，深入泥土，作支持樹幹的根基。它能不斷地分枝、擴張，連續向四周延伸，目的是牢牢把樹幹固定住。這些支柱根外形有點像蜘蛛的腳，更像章魚的吸盤。

1. 海茄苳的呼吸根
2. 水筆仔的支柱根
／徐曄春 攝

懷胎育子

Propagation

　　生長在南方沿海灘塗的紅樹林，面對的自然環境很惡劣，烈日、颱風、駭浪、高鹽度的海水，甚至還有沒頂之災——海潮在很短的時間內就會把這些紅樹林沉入海底。此外，海灘上還有一些螃蟹和螺貝，等著美食從天而降。紅樹林，在嚴酷的環境中找尋生機，於遷徙的過程中落腳生長，有人將其比喻為「現代的深圳人」，也有幾分道理。在這種環境中，紅樹林如何生存下去呢？

　　紅樹林的成員們，為了保證後代的成活，可謂煞費苦心。許多紅樹林植物並不像其他植物那樣果實成熟後就掉落，而是像人類一樣，讓果實在母體發育一段時間，長大壯實後再播撒，這段助跑的過程大大增加了種子的生存機會。這就是紅樹林植物的「胎生」。在紅樹林中，常常可以看到如豆角一樣懸掛的綠色胎生苗。它們有筷子那麼

1 | 2

1. 水筆仔的胎生胚軸
/ 徐曄春 攝
2. 已落地生長的紅茄冬胎生苗
/ 徐曄春 攝

長，末端尖銳，如同利器，最後，胎生苗在母體內發育成熟後，自然脫落，像箭一樣直插淤泥中，幾小時後，胎生苗就能迅速紮根，成為一株新的紅樹林植物。有些胎生幼苗在落下時運氣差一點，不能順利插入泥中，也能隨著海流在大海上漂泊。它們的內部有氣道，飽含空氣，比海水還輕。這樣的漂泊可能要幾個小時，也可能達數月，距離可能是幾十公尺之內，也可能在幾千里之外，但有一點不會改變：只要尋覓到合適的棲息地，遷徙的幼苗就開始紮根生長。

胎生苗植物，主要有紅海欖、紅茄冬、水筆仔等紅樹科植物。它們的果實掛在樹上時，幼苗已開始在果實內生長，並且幼苗會突破果實外露，這種叫顯性胎生。而蠟燭果、海茄苳、老鼠簕等植物，它們的胎生苗並不立即突破果皮，一直到果實脫落，掉在地上，胎生苗才破殼而出，這叫隱性胎生。而海桑、無瓣海桑則是通過種子繁育的。

在紅樹林裡，每一棵母樹下，密密麻麻地佈滿了小小的胎生苗，有的長出小小的葉片，像許多小雞圍著媽媽。這無言的植物世界竟也能演繹這樣溫馨可愛的一幕，真是令人感動。

1. 蠟燭果花朵
2. 蠟燭果的果實

天然鹽場

Natural Saltwork

　　紅樹林生長的地方，是熱帶亞熱帶地區。烈日炎炎似火燒，水分蒸發很快，需要不斷地補充水。如果說紅樹林是耐旱植物，可能誰都不信。紅樹林面對大海，雖然不缺水，但高鹽的海水又不能直接被植物吸收。普通的樹種在鹽度僅為 20‰的水中就吃不消，而紅樹林隨著潮水的漲落，一會兒要應付淡水的環境，一會兒又要對付鹽度高達 35‰的海水衝擊。就拿海茄苳來說，經常被淹沒在海底，它們是如何取得淡水的呢？

　　我們很難想像，植物也有著驚人的生存智慧。在漫長的進化過程中，紅樹林迫使自己具備了一種海水淨化的功能，以此來獲取淡水。通常，紅樹林植物根系吸收水分的時候就能將海水中的大部分鹽分過濾掉，這樣被吸收到體內的就是相對清潔的淡水。有的葉片肉質化，可以保存更多的水分；有的葉片表皮角質層很厚，氣孔下陷，可以減少水分的散失。雖說它們具備超強的淨化系統，但還是有一部分鹽分會隨蒸騰液流到葉片中，而鹽分積累多了，就對葉片有傷害。所以紅樹林的葉片還有一個秘密武器，那就是「排鹽腺」。這種特殊的結構，可以聚集鹽分並把多餘的鹽分排出體外，所以紅樹林又被稱為「植物海水淡化器」。另外，有些紅樹還能把多餘的鹽分集中在老葉上，落葉時一並排除掉。所以很多紅樹林植物的葉子正反表面，都可以看到淺淺的一層鹽晶體。水筆仔的葉子肉質厚，能保存更多的水分。表皮革質，葉子能反光，可防止不必要的水分散失。葉子背面，長著密密的絨毛，這在高溫下可以減少水分的蒸發。這點跟沙漠植物有些相似。

　　科學家們正在探索紅樹林脫鹽生理過程的奧秘，設想馴化和培植一些脫鹽功能強的紅樹林品種，在海岸和耕地之間營造一片寬廣的紅樹林帶，以達到淨化海水、灌溉農田的目的。

1

1. 老鼠簕泌鹽現象 / 彭彩霞 攝

花蟲恩仇記

&

The Legends of
Plants and Insects

一花、一葉、一蟲、一世界

A World With Flowers, Leaves and Insects

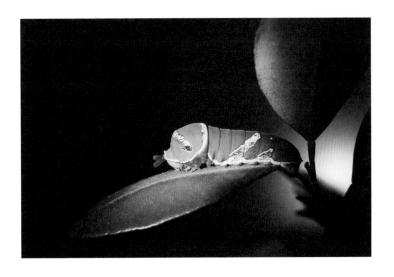

　　昆蟲和植物是地球上出現很早的生物類群。究竟有多早呢？在距今 4 億年前的志留紀，就已經出現了陸生蕨類植物，昆蟲則出現在距今3.5 億年前的泥盆紀。而人類呢，只有短短的 1400 萬年歷史。所以人類雖然號稱「萬物之靈」，一旦地球上的昆蟲與植物消失，人類恐怕也難以獨善其身。

　　昆蟲和植物是相處了幾億年的好鄰居，它們互相協作，共同繁衍、進化，攜手共渡了無數的困境。昆蟲在植物上獲取食物，但植物並沒因此而討厭昆蟲，相反地為昆蟲提供各種生存環境，甚至還保護昆蟲不受傷害。是什麼讓植物那麼無私呢？這是因為植物必須紮根於一處，不像昆蟲那樣有發達的感覺器官，還有腿、翅膀，能隨意遷移。植物需要依靠昆蟲幫忙運輸花粉和種子，使其族群得以在地球上

1. 玉帶鳳蝶幼蟲

繁衍擴散。

　　植物在不斷進化過程中，通過改變自身一些代謝物和營養成分，來引誘不同的昆蟲為它們服務。而昆蟲也會憑藉自身敏銳的感覺器官，來選擇那些能安全吃進肚子的植物。如果仔細觀察，我們不難發現有的昆蟲能吃很多不同類型的植物，有的昆蟲只吃一個科或屬的植物，而有的昆蟲卻只吃某一種植物。

　　只要走近大自然，我們就會在不經意間發現很多關於植物與昆蟲的有趣現象。有的昆蟲會與植物形成良好的互惠互利關係，比如螞蟻會把蟻巢構築在樹幹裡，而且終身義無反顧地守護著這棵樹，而樹並沒因為蟻巢的存在而逐漸衰亡，反倒更加健康成長，還借助螞蟻幫它不斷擴張。又比如具有隱頭花序的榕樹，通常只見果不見花，它們又是怎樣完成授粉結實的過程呢？原來它們依靠的是榕小蜂這個好搭檔，通過提供食宿給榕小蜂寶寶，從而換取榕小蜂媽媽幫忙授粉的機會。再如自然界中重要的分解者——白蟻，它們除了吃木頭、落葉，還懂得在家裡「種蘑菇」「播種子」。

　　除了相互幫忙，昆蟲與植物也時時刻刻在競爭中進化。有的昆蟲是素食主義者，只取食植物，如樺斑蝶的幼蟲通過取食劇毒的馬利筋，把毒素積累在體內，讓天敵敬而遠之。木蠹蛾幼蟲、天牛幼蟲、椰子大象鼻蟲則會躲藏在莖幹裡取食，慢慢把植物內部掏空。面對如此多的威脅，植物會想法子衍生出不同的防禦手段，讓昆蟲無從下手，它們有的自帶毒素變身殺蟲植物，有的改變自身化學物質變得不討昆蟲喜愛，有的甚至還能誘拐昆蟲，飽餐一頓。

　　昆蟲為了生存也是不容易！為了更好地繁衍、躲避天敵、尋找更多的食物，有的昆蟲小時候會長出嚇人的「眼睛」，有的身上還會長出毒毛、毒刺，有的螞蟻會當「農夫」「牧羊人」「擠奶工」，有的昆蟲還會做出各種巧奪天工的「房子」。

　　當我們欣賞蝴蝶、蛾子翩翩起舞於花叢的美態時，別忘了這種種美景都是來之不易的自然饋贈，每一棵植物、每一隻昆蟲的背後，都有一段屬於各自的傳奇故事……

1. 白痣色蟌
2. 蜂
3. 金花蟲
4. 羽化中的薄翅蟬

挑食的昆蟲

The Picky Eater

烏桕與烏桕大蠶蛾

　　「衣、食、住、行」在人類的世界裡缺一不可，中國古話裡更有「民以食為天」的說法，可見食物在我們日常生活中是多麼重要。那麼在昆蟲世界裡，是否也跟人類一樣「以食為天」呢？它們也會選擇不同的食物嗎？它如何分辨哪些能吃進肚子裡哪些不能呢？畢竟大自然中的很多植物都是帶毒的！有沒有一些昆蟲是無毒不歡的呢？而植物面對昆蟲的侵襲，會束手無策坐以待斃嗎？

　　龐大的昆蟲王國，與人類的食性有相似之處，素食者終身以植物為食，被稱為植食性昆蟲；捕食者則以捕食或寄生於其他昆蟲或動物為生，被稱為肉食性昆蟲，如螳螂、食蚜蠅、食蟲虻、虎甲等。也有些看上去挺另類的，以糞便、屍體、腐爛植物等為食物的腐食性昆蟲，如糞金龜、蠅類等。這次讓我們來認識其中的一類——植食性昆蟲。

　　植食性昆蟲是以活植物為食的昆蟲，約占昆蟲總類的 40%-50%。它們來自各個不同綱目，較為常見的有鞘翅目的金龜子、天牛，雙翅目的癭蚊、果蠅，鱗翅目的蛾類、蝶類幼蟲，直翅目的蝗蟲、螻蛄，半翅目的　象、龍眼雞、介殼蟲等。它們進化出自己特有的嘴巴結構，想盡各種辦法在植物上吸取營養，蝗蟲、蛾類蝶類幼蟲嘴巴裡長有鋒利牙齒，可以直接啃食葉片；蟬、介殼蟲、葉蟬等的嘴巴長得像一根細針，刺到植物組織裡面吸取汁液；有的則更懶惰，如天牛幼蟲、木蠹蛾幼蟲乾脆就住在樹幹裡，而突細蛾幼蟲、潛葉蠅幼蟲則潛入葉片裡，張嘴就可以吃喝。雖然它們有這麼多種取食方式，但並不是所有植物都適合它們的胃口。它們各自有不同的取食習性。當然也有饑不擇食能吃很多不同種類植物的昆蟲，它們被稱為多食性昆蟲，如斜紋夜蛾可取食 99 科 300多種植物，美洲斑潛蠅可危害 14 科 40 多種瓜菜作物；而那些只吃一個科屬或一個類群植物的，被稱為寡食性昆蟲，如蘇鐵綺灰蝶只取食蘇鐵科植物，刺桐釉小蜂只食刺桐屬植物；有的更挑剔，只吃一種植物，被稱為單食性昆蟲，如三化螟，只食水稻。

　　昆蟲在選擇食物時，有自己一套獨特的方式，它們會用眼睛去觀察，用觸角或身體去敲打，用嘴巴去嘗試，有的還根據植物身上回饋到的化學資訊，來確定是否適合自己食用。

1. 八星虎甲蟲
2. 食蟲虻

但植物可不會傻傻地等著蟲子來吃掉它們。一旦有蟲子來危害，植物就會分泌一些有毒化學物質來防禦侵犯。這些化學物質有的可以驅避、毒殺昆蟲，有的可以抑制昆蟲的取食、產卵，有的甚至可以引誘昆蟲的天敵，讓它們來幫忙除害，有的還可以傳遞資訊給鄰近的同種植物，拉響有外敵入侵的警報。植物除了會誘導一些化學物質來防禦外敵，還會通過長刺、長毛、加厚表皮、可分泌粘液的腺體等措施來抵禦昆蟲的攻擊。

　　雖然植物使出渾身解數來防範，但蟲子們又怎麼捨得眼睜睜放棄這美味的食物呢。畢竟蟲子需要養活自己，並不斷地繁衍後代。所謂道高一尺，魔高一丈，昆蟲也走上進化之路，不斷調節、衍生體內和唾液中的各種酶類，聯合各種細菌、真菌，來逐步適應植物進化。植物與昆蟲，就這樣在競爭中共同進化。

1. 蠅類
2. 突眼蝗
3. 蜻象

忠誠的保衛者

Loyal Protector

　　這是一個關於螞蟻與樹的故事。在此之前我想先單獨介紹一下故事的主角之一 ——螞蟻。談到螞蟻，大家都會想到，如果家裡有甜的東西，就會招引它們的到來，而只要有一隻螞蟻發現食物，它就會立馬飛奔回蟻巢，帶上它的小夥伴們一起把食物搬運回家。螞蟻是膜翅目蟻科昆蟲，表面上跟白蟻相似，都是社會性非常強的昆蟲，但是要提醒大家，白蟻是等翅目的昆蟲，跟螞蟻是兩類完全不同的昆蟲！

　　螞蟻世界與人類世界有很多相似的地方，它們會互相合作照料下一代，分工非常精細而明確。而且螞蟻世界的等級觀念非常強，蟻后是整個蟻群的核心，地位最高，因為它是蟻巢內唯一擁有超強繁殖能力的個體，只負責繁殖後代和統管整個蟻巢大家庭。接下來就是雄蟻，地位僅次於蟻后，主要負責交配。位於底層的是數量最龐大的工蟻，這個群體中還會分化出負責保衛工作的兵蟻。工蟻負責蟻巢的建造和擴大，以及尋找食物飼養蟻后、幼蟲。

螞蟻在地球上的歷史可以追溯到 5000 萬年前。有趣的是，螞蟻從事農業、畜牧業比人類還要早，它們會收集各種植物的葉子、果實，放到巢穴裡繁殖菌類，供給整個蟻巢作食物，還會利用收集到的種子幫助植物繁殖後代。此外，螞蟻還懂得收「保護費」，它們會保護植物葉片上的蚜蟲、粉蟲、介殼蟲之類可以分泌蜜露的小昆蟲，從而獲得對它們極具誘惑力的回報——蜜露。在生物種類極度豐富的亞馬遜雨林中，存在著這樣一些詭異的地帶，人們把這些區域稱為「魔鬼花園」，因為那裡只生存著唯一一種植物——檸檬螞蟻樹（*Duroia hirsuta*）。這種茜草科（*Rubiaceae*）的植物外表上並無明顯的獨特之處，只是在上面有些螞蟻的蹤跡。科學家們經過長年累月的追尋探索，終於揭開了「魔鬼花園」的神秘面紗。

原來這「魔鬼花園」的締造者既不是魔鬼也不是人類，而是螞蟻！它們為了建立自己的專屬領地，不惜一切手段，包括使用自產的「除草劑」——蟻酸，將入侵它們領地的其他植物統統幹掉，只保留了它們最喜歡的樹種——檸檬螞蟻樹。一旦螞蟻佔領了第一株檸檬螞蟻樹後，它們的殖民之路便會悄然展開，利用蟻酸將「殖民地」裡的其他植物逐漸殺死，擴大領地。據研究者觀察，目前發現的最大的一個殖民地「魔鬼花園」，面積達 1300 平方米，數百株檸檬螞蟻樹上面寄生著 1.5 萬隻蟻后和 300 多萬隻工蟻，存在的歷史估計有 800 多年。

而同樣生活在南美洲的阿茲特克蟻（*Azteca* sp.），則跟蟻棲樹結下不解之緣。蟻棲樹又名號角樹（*Cecropia peltata*），它們擁有像竹子一樣中空的莖幹，而阿茲特克蟻就住在這中空的樹幹裡，在裡面築巢生活。奇怪的是，蟻棲樹非但沒有拒絕這群外來住客，反而是熱情款待，在葉柄基部叢毛處不斷分泌一些營養豐富的蜜露，為螞蟻們提供豐盛大餐。阿茲特克蟻也深知「天下沒有免費的午餐」，知恩圖報，同時為了能獨享這豐盛大餐，它們需要肩負起保護蟻棲樹的責任。一旦有樹葉殺手——切葉蟻來犯時，阿茲特克蟻就會不惜一切代價去擊退切葉蟻，保護蟻棲樹。因此，阿茲特克蟻和蟻棲樹可以說是一對密不可分的小夥伴。

奧妙的大自然，蘊含著無數的生存智慧。不斷地學習昆蟲、植物或其他生物與自然和諧共處的哲學，讓我們懂得了在探索大自然的同時，也應學會尊重自然，師法自然。

花蟲契約

The Promise Between Flowers and Insects

植物的花好比一個生命的大熔爐，那裡積累了豐富的養分，只要有一粒花粉被帶到柱頭上，這巨大的熔爐就會悄然無聲地開始運作，啟動生命繁衍進化的密碼。在這裡，植物所有的遺傳信息都會重新配對組合，一旦完成，就會保存在種子裡，留給大自然作適應性的挑選。為了順利開啟這座熔爐，植物想盡一切辦法，打扮得花枝招

1. 藍點紫斑蝶與澤蘭

展，務求吸引更多的傳粉者前來幫忙。就這樣，一場關於繁衍的競賽悄然展開……

植物的花器通過顏色、氣味、花蜜、花粉以及一些次生物質，吸引昆蟲來訪。其中，花瓣顏色能給昆蟲以最直接的視覺刺激，訪花昆蟲對顏色各有偏好。膜翅目的蜜蜂、熊蜂喜歡白色、黃色、藍色，卻對豔麗的紅色不買帳；鱗翅目的蝶類酷愛紅色、紫色等鮮豔花色；而雙翅目的蠅類則偏好暗色系的顏色，如褐色、暗綠色等。訪花昆蟲在空中飛舞時，會利用自己的單眼和複眼尋找自己喜愛的花朵，同時也通過觸角接收植物散發的氣味，再考慮是否接近。

然而植物的花期非常短，它必須與時間賽跑，盡可能引誘最多的傳粉昆蟲來幫助授粉。這時，花的氣味就成了第二個吸引訪花昆蟲的秘密武器。即使在漆黑的夜裡，蛾類也能憑藉花的氣味，來準確定位花的位置。不同的花有各自不同的氣味，但主要分成兩大類型：芳香型氣味和惡臭型氣味。芳香型氣味的花，因為花瓣表皮含有精油，能散發出各種芳香氣味。蝶類、蜂類就酷愛這誘人的香氣，樂此不疲地追尋著。至於惡臭型氣味的花，則能釋放出令人窒息的腐臭味、魚腥味，讓人敬而遠之。但這恰恰是一種化學擬態，它類比了腐爛蛋白質或糞便發酵產生的特殊味道。這種味道雖得不到蜂類的青睞，卻能吸引蠅類、甲蟲等腐食性昆蟲前來幫忙傳粉。

為了吸引昆蟲，植物可不只是打造出千姿百態的花朵，它們還有其他絕招。畢竟吸引昆蟲只是開啟生命熔爐的第一步，接下來還需要昆蟲為它們完成傳粉、授粉的工作。為了提高昆蟲的積極性並回饋它們的辛苦勞作，植物會在花中生產極富營養價值的花粉或花蜜，其中包含了糖類、氨基酸、蛋白質和脂類物質，這些物質因為滿足了訪花昆蟲的營養和能量需求，所以能誘惑各種昆蟲前來採集。

伴隨著花開花落，昆蟲一次次地追尋著那婀娜多姿、色香味俱全的花朵，昆蟲與植物締結下不可分割的契約。如果你再深入瞭解，就會著迷於它們之間那看似簡單其實卻錯綜複雜的關係……

我為你育嬰，你為我傳粉
—— 榕與榕小蜂

The Co-evolution of Banyan & Fig Wasp

　　大自然中的良緣，常因不經意間的偶遇而締結，而這種羈絆有時能延續幾百年、幾千年，甚至上億年之久。榕屬植物是一個古老的族群，在白堊紀就已經存在，而它的摯友榕小蜂早在侏羅紀就已經出現。經歷漫長的等待與尋覓，它們終於在白堊紀時代相遇，定下永不分離的契約，並默默相守延續至今。

　　內斂低調的榕樹，一直默默吸取大自然的養分，哪怕成了參天大樹，甚至獨木成林，也不曾想要開出爭奇鬥豔的花朵，來吸引昆蟲幫助它們繁殖下一代。反之，它把眾多的花隱藏在一個貌似果實的、我們稱之為隱頭花序的空間裡，好像不想讓別的昆蟲找到似的。人們所熟知的無花果樹就是這樣的一種榕屬（*Ficus*）植物。

1. 象耳榕雌株榕果剖面
　/ 鄧新華 攝
2. 象耳榕雄株榕果剖面
　/ 鄧新華 攝

無花果樹

生長在茂密的熱帶亞熱帶雨林中的榕樹有近千種，那麼每種榕樹又是怎樣避免與同屬的其他種雜交，確保各自種質純淨不變，順利傳種接代呢？

秘訣就在於它有榕小蜂這個好朋友。原來每種榕樹都有其獨特的化學資訊素，以此吸引和誘導與之對應的專一榕小蜂種類，而專一的榕小蜂也把頭器特化成易於鑽進榕樹果的的形狀。榕小蜂幫榕樹授粉，而榕樹的榕果則為榕小蜂提供了安穩的育嬰房，相互幫助。

這個隱頭花序的設計非常巧妙，只有一個入口，既不長期開放，也不能隨便進入。榕果第一次打開大門，是雌花成熟時，它同時釋放特殊氣味告知它的朋友榕小蜂：「『育嬰房』已準備就緒，歡迎你們的到來。」

於是榕小蜂媽媽們帶著禮物——花粉，追隨著這特殊的氣味紛紛來到由數枚苞片組成的通道前，爭先恐後地前來敲門。因為它們知道這條通道開啟的時間非常短暫，錯過了就耽誤一輩子。榕樹有一條潛規則，每個榕果只能容納少數蜂媽媽前來繁育後代。所以求房若渴的蜂媽媽們，都得在通道前爭搶一番。想想看，這和人類社會頗為相似。比如，百萬考生參加高考，想要獲得好名次必須經過激烈的競爭。這也是自然界法則——優勝劣汰。

成功進入的蜂媽媽，會把最珍貴的禮物送給榕樹，那就是粘附在它身上的另一株同種榕樹的雄花花粉。這樣，榕果裡面的雌性花就能成功地授粉啦。隨後，進入榕果的通道就關閉了，得到花粉

無花果可以當水果生吃，
也可以曬乾吃或作煲湯料。

的雌花子房漸漸發育成種子。同時，榕果還會保留一部分雌花的子房免費提供給蜂媽媽育兒。蜂媽媽把卵小心翼翼地產在子房裡面，蜂寶寶在裡面吸取營養成長。榕小蜂幫榕樹完成了傳粉授粉的過程，同時榕樹也為它延續後代提供了機會和營養。在蜂寶寶盡情享用盛宴的同時，傳完花粉又生完寶寶的蜂媽媽完成了使命，安然逝去。

大概過了五六十天無憂無慮的幸福生活後，蜂寶寶在子房裡逐漸發育為新一代的成蟲。此時在榕果內，雄蜂率先破蛹而出，等待即將羽化的雌蜂。經過交配後，雄蜂從榕果內咬開一個出口，當新一代蜂媽媽從這個出口鑽出榕果時，順便捎帶上成熟的花粉飛了出去，開始在廣闊的叢林中尋找下一個榕樹好朋友，完成下一個迴圈。而在榕果裡完成了繁衍任務而耗盡精力的蜂爸爸，則默默等待著生命的結束。

在漫長的進化過程中，榕樹與榕小蜂共同形成了適應周邊環境的形態與結構，保證種群的延續，避免因環境改變而被淘汰。這對好朋友合作無間的微妙共生關係，正是大自然的神奇之作。

因利益的存在而產生競爭，獲利同時也必須付出相應的代價，但是如何權衡代價與利益之間的關係，物種間卻有著各自的選擇，這其中蘊含著深奧的科學內涵，在生物科學上稱之為協同進化（Coevolution），而榕樹與榕小蜂之間的關係是在封閉的花果系統內發生的，所以相對簡單，也因此成為研究生物協同進化的模式系統。而開放的系統，傳粉者和受粉者之間的關係就更複雜了。

植物上的「疙瘩」—— 蟲癭

The "Pimple" of the Plant—— Insect Galls

　　人會長疙瘩，植物也會長疙瘩嗎？植物的疙瘩裡面究竟藏著什麼秘密呢？

　　與植物擦肩而過時，我們偶爾會發現葉片或枝條上有膨大的突起，近看外表有點類似果實，但那可不一定是植物真正的果實！這些疙瘩形狀千奇百怪，有球狀、刺球狀、囊狀、皰狀、子彈狀、花狀、果狀、梭狀、倒錐狀等，顏色也是繽紛多彩，有紅色、黃綠色、綠色、棕色、深棕色、褐色、灰色等，有的疙瘩上還長著絨毛或刺毛。這些疙瘩可能長在植物的各個器官上，葉子、枝條、花、嫩芽不等。這些怪異得讓人看了不免起雞皮疙瘩的東西，其實是由一種造癭昆蟲製造的育嬰室，也就是「蟲癭」。

1

1. 黑板樹蟲癭

在昆蟲世界裡，大部分媽媽能為後代做的事情很少，她們耗盡生命中最後的精力為下一代尋找適合生活的地方，產卵後便安然離去。她們無法陪伴子女的成長，甚至連看上一眼的機會都沒有。所以這群偉大的母親往往會竭盡全力為子女們提早選好一個天然而舒適的育嬰房。有的造癭昆蟲在產卵時會分泌一些激素，來刺激產卵位置附近的植物組織快速生長並形成蟲癭，然後把卵產在植物組織裡，讓蟲寶寶出世後能立刻享用到美味的食物。也有一些雌蟲會把卵產在葉子邊緣或者葉脈分叉的地方，讓剛出生的蟲寶寶自己尋找適合的地方，去建造屬於它們的「家」。

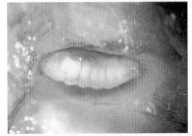

1. 長在葉柄處的蟲癭
2. 黑板樹蟲癭
3-4 艾草蟲癭

這些育嬰室有什麼特別的功能呢？造癭昆蟲的幼蟲非常脆弱，需要有特殊的保護措施，來躲避殺蟲劑的傷害、天敵的捕食以及惡劣氣候的不良影響。因此蟲癭演化出外部堅固但內部營養充足的特殊構造。蟲癭還會隨著植物的不斷生長而增大，為蟲寶寶的生長提供充足的生活空間。蟲癭外層的保護組織會不斷增厚變硬，內層組織由於受到激素的不斷刺激，會產生一種特殊的營養層，其中富含各種脂肪、蛋白質、澱粉、微量元素和單寧酸等化學物質，這些物質可以提高蟲寶寶的抗逆性，讓它們能夠順利成長。

　　造癭昆蟲包含 6 個目約 20 個科的昆蟲，主要有纓翅目的薊馬科，半翅目的球蚜科、癭綿蚜科、木蝨科、癭蚧科，鞘翅目的象鼻蟲科和金花蟲科，雙翅目的癭蚊科，鱗翅目的透翅蛾科以及膜翅目的癭蜂科等。造癭昆蟲都是一些體型較小的昆蟲，一般不容易被察覺，常見的有 4 類，分別是蚜蟲、木蝨、癭蚊、癭蜂。

　　蟲癭對植物、對人類有什麼影響呢？這三者之間有著微妙的關係。蟲癭可以說是植物跟昆蟲相互作用而形成的，但是植物在這個關係裡可是受害者的角色，因為植物消耗了自身的養分，影響了自身的正常生長，還長了滿身的「疙瘩」。不過，大部分情況下，蟲癭對植物的影響是有限的，不致命的；同時，植物的自身防禦機制也會限制蟲癭的生長，防止自身受到進一步的危害。

　　蟲癭截留了植物生長的很多營養物質，作為異常增生的畸形組織，對植物來說，蟲癭是有害的「腫瘤」。但對人類而言，蟲癭卻是一份自然的瑰寶。人類對蟲癭的利用，在中國最出名的可算是中藥五倍子，它是五倍子蚜在鹽膚木的幼枝嫩葉上形成的蟲癭，人們收集這些蟲癭並從中提取出鞣酸，鞣酸是皮革、染料和塑膠工業的重要原料，也是很好的收斂劑，具有止血功效，其用途相當廣泛。

　　看到這裡，大家對蟲癭有了一些瞭解，也就不用再懼怕樹上起的這些「疙瘩」了。

被子植物的終極難關
The Final Crisis of Angiosperms

　　自然界中的被子植物遵循著種子、幼苗、成年植株、開花、結果的生存規律，從種子萌發到新種子成熟的過程被稱為植物的生活史。奇妙的是，在不適合的環境下，植物無法進入開花、結果的繁殖階段。最後的繁殖階段正是展現其美態的關鍵時刻，但這期間並不總是一帆風順，它們需要應對來自自然界的各種威脅，而其中主要的威脅就來自於昆蟲。雖說昆蟲是植物傳粉的重要角色，但植物的花與果實富含各種養分，可謂色香味俱全，昆蟲怎麼能抵擋得了這美食的誘惑呢。

1

1. 棕翅長喙象鼻蟲

　　每年 3 月至 5 月春夏之交，正值月桃屬（*Alpinia*）植物花開之時，一種小型的黑褐色或紅褐色甲蟲就會悄然而至，等待著那美味的花蕾。這種名叫棕翅長喙象鼻蟲的昆蟲，專注於此類植物的花器，只要花蕾冒出來，這種小昆蟲就會被那股特殊的香氣吸引而來。棕翅長喙象鼻蟲體形雖小，但破壞力卻異常驚人。成蟲的嘴巴是一根長長的喙，與身體等長甚或比身體更長。它就利用這根又長又硬的喙直接插入花蕾中來吸取營養。花蕾雖然能正常綻放，但也因為它的侵略而花容失色，變得滿目瘡痍。

1. 交紋細蛾
2. 棕翅長喙象鼻蟲幼蟲
3. 棕翅長喙象鼻蟲成蟲
4. 被棕翅長喙象鼻蟲危害的花蕾

然而棕翅長喙象鼻蟲的破壞力並非僅止於此，它還會在這些花蕾上的小孔裡產卵。那肉肉的幼蟲一旦孵化以後，就會開始大吃大喝的破壞之旅，花瓣、花絲、花粉、雄蕊、雌蕊、子房都成了它的美食。幼蟲在經歷 2-3 周無憂無慮的生活後，就會進入不吃不喝的蛹期，這時花蕾內部只剩下一片頹垣敗瓦，但從外部看到的花蕾卻完好無缺，只是多了一些褐色的小點而已。這些被幼蟲侵襲過的花蕾永遠等不到綻放的一天，更別奢望得到授粉或結果的機會，等待著它們的只有慢慢的衰落凋零。

　　荔枝、龍眼是南國四大果品，杜牧「一騎紅塵妃子笑，無人知是荔枝來」的千古名句更讓其享有盛名。但荔枝、龍眼在結果期間，同樣會受到一種蛾類幼蟲——爻紋細蛾的威脅。這種蛾類幼蟲因為蛀食荔枝、龍眼果柄的蒂部，還獲得特殊的俗名——荔枝蒂蛀蟲。爻紋細蛾的成蟲是細小不起眼的蛾子，白天喜歡在陰涼的枝幹上休憩，日落後便會開始伺機產卵。這些卵會被安放在荔枝果實龜裂片的縫隙之間，或成熟果實的果蒂上，畢竟這都是果實比較脆弱、容易被入侵的位置。

　　當成功孵化後，幼蟲便憑藉它那鋒利的牙齒鑽蛀進果實裡，開始瘋狂進食。幼蟲期的爻紋細蛾非常聰明，它不會取食子葉還沒形成的果核，一旦果核從液態逐漸發育成熟，外表形成白色膜後，幼蟲才會開始侵食種核內的子葉。當果核變硬，果實接近成熟時，幼蟲也到快要化蛹的時候，這時它們開始取食果柄，並從那裡逃之夭夭，再尋找一個隱蔽的安全地吐絲化蛹。荔枝、龍眼的果實經歷了爻紋細蛾幼蟲的侵害後，果蒂不再具有輸送營養的功能，內部也不堪重負，不能發育成熟，隨之而來的就是萎蔫掉落。

　　昆蟲本身並無好壞之分，所謂益蟲、害蟲，是根據這種昆蟲對人類的影響而定，畢竟每個物種都有它存在的必然性。而昆蟲與植物之間，自有其平衡生存之道，彼此相互制約，和諧共生。

樹幹殺手

Trunk Killer

　　這是一個關於植物殺手的故事。它們沒有蝴蝶那樣華麗的外貌，卻有一雙鋒利無比的上顎。它們有的終日生活在黑暗無邊的環境裡；有的善於隱藏自己的行蹤；有的甚至連腿腳都已經退化；它們中的大部分成員喜歡獨來獨往，但也不乏成群結隊者。但它們都有一個共通點，就是會選擇樹幹做窩，畢竟那裡是植物營養的運輸帶，住進去，可就衣食無憂了。

　　這些「殺手」分別來自蝙蝠蛾科、木蠹蛾科、天牛科、吉丁蟲科、象鼻蟲科等，接下來讓我們抽絲剝繭，揭開這群「殺手」的神秘面紗。

　　首先進入我們視野的是蝙蝠蛾科的「殺手」，它們有的生活在年平均氣溫只有 10℃ 的高寒草甸區，有的種類卻出現在廣東、雲南等亞熱帶地區。成蟲的外貌以褐色為主，畢竟一個成功的「殺手」，保持低調形象是很關鍵的。幼蟲一旦成功從卵裡面孵化出來，就立馬開始漫長而黑暗的「殺手」歷程。幼蟲先從啃食樹幹表皮開始，把樹皮咬出一個小孔，只要足夠自己身體進入就可以了，然後鑽進去不斷地啃啊啃，直達樹幹中心的髓部。

　　至此，入侵行動已經成功完成第一步，接下來它們開始在這裡建造一個舒適的小窩，這個窩會隨著幼蟲的成長而不斷修繕擴大，它會在這裡待上少則一兩年，長則 3 年左右的光陰。蝙蝠蛾科的幼蟲非常注重小窩裡的衛生，它會邊吃邊吐絲，把多餘的木屑碎片和蟲糞粘連起來，然後用腳慢慢地把這些垃圾，從之前在樹皮上咬出的小孔推出去。隨著幼蟲一天天長大，食物日漸增加，木屑碎片和蟲糞也暴增，在樹幹上就會明顯地看到一個用木屑和蟲糞混合做成的環，遠看就像一個蜂窩或者螞樹幹裏得嚴嚴實實。

隨著這個樹幹「殺手」不斷的大吃大喝，樹幹會被逐漸掏空，營養也沒法正常輸送，隨之而來的就是葉落枝枯，最後不得不面臨死亡的威脅。在這裡，再悄悄告訴大家一個秘密，蝙蝠蛾家族裡的一些成員可是野生冬蟲夏草的原料！

　　接下來要介紹的是一個更加「臭名昭著」的樹幹殺手，它的成蟲身披一副紅褐色的盔甲，頭帶三尖盔，看上去就像一個大將軍的模樣。讓人萬萬想不到的是，它在幼蟲時期可是非常懶惰，懶得連腿都退化掉，外形看上去就是一頭胖胖的肉肉的「大懶蟲」，不過千萬別把它看扁

1

1. 一點蝙蛾在樹幹築的窩

了，人家可擁有一嘴的尖牙利齒。它就是令棕櫚科植物聞風喪膽的椰子大象鼻蟲！雌成蟲喜歡把那晶瑩白皙的卵產在棕櫚科植物的葉鞘內側，雖然產卵的時間只有 1-2 個月，但每只雌成蟲卻可以誕下 300 多粒蟲卵！幼蟲孵化以後，會從葉鞘內部開始取食，隨著體形慢慢變大，它的牙齒也越加鋒利，漸漸地會開闢出一條從葉鞘到樹幹中心的蛀道，之後便在樹幹中心建造屬於它們的華麗宮殿。

由於椰子大象鼻蟲在樹幹裡面，整天只顧著大口大口地吃而缺少運動，腿腳也因長期不用而自然退化，只剩下一副大腹便便的身軀，在樹幹裡挪動著取食。幼蟲在樹幹裡經過 1 個多月的大吃大喝後，終於從「大懶蟲」蛻變成身披盔甲的「大將軍」。這些「大將軍」，有的會往外尋覓新的地盤建立屬於自己的王國，有的會選擇在原本的樹幹上繼續生活、繁衍。一年、兩年過去，棕櫚植物的樹幹就被這群惡貫滿盈的「殺手」掏空，只剩下一副體弱病殘的軀幹，奄奄一息。而椰子大象鼻蟲這個「樹幹殺手」，也因其危害性，成為中國病蟲害的重要檢疫對象。

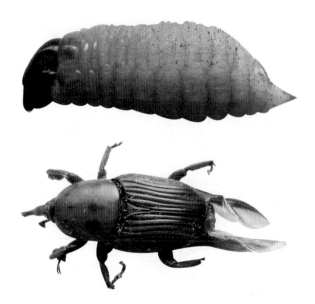

1. 椰子大象鼻蟲幼蟲
2. 椰子大象鼻蟲成蟲

植物是如何生病的

How Plants Get Sick

　　生、老、病、死是所有生物必經的四個階段，植物的世界也不例外。在漫長的生長過程中，植物需要獨自面對來自四面八方的侵襲，稍有不慎就得面對死亡的威脅。它們可能在狂風中夭折，也許被洪水淹沒，還可能被人類砍伐，又或是被蟲子吃得遍體鱗傷，甚至被病菌侵害等。這次我們將帶大家來探索一下：病菌是怎樣侵襲植物的，植物得病後會怎樣表現出來呢？這些病菌又是從何而來的？它們究竟長什麼樣呢？植物生病了是不是百害而無一利呢？

　　有時我們會發現身邊的植物枝條、葉片、花朵有一些不一樣了，比如出現不同顏色和形狀的斑點、斑塊，花或葉片畸形，葉片上鋪滿一層白白的或黑黑的粉末等。當這些異樣出現時，就是植物在告訴我們它已經生病了，但是在這些生病的部位上，我們卻往往看不到有什麼致病的生物。那是因為它們的體積非常微小，只有在顯微鏡下才能觀察到。引起植物生病的元兇主要有真菌、細菌、病毒等，它們以寄生的形式存活在健康的植物組織上，通過竊取植物的養分來發展壯

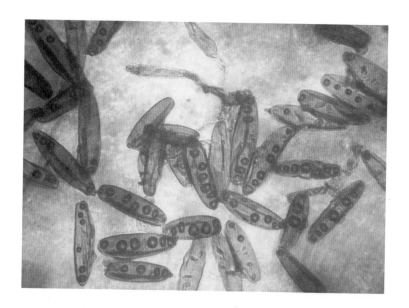

大。植物得病後，常常會導致養分不能正常輸送，正常細胞逐步死亡，繼而出現各種斑點、斑塊甚至畸形變異。

這些可惡的病菌長什麼樣呢？我們可以收集一些長有病斑的葉片進行保濕處理，兩三天後，等這些病菌繁殖得足夠多的時候，就可以在原來的病斑上面看到一些剛長出來的毛絨絨的菌絲或者一個個小黑點。這時候把它們放到顯微鏡下觀察，你會驚訝地發現，這些病菌形狀各異，有的像梨子，有的像包子，有的像鐮刀，有的像魷魚……這些奇形怪狀的病菌孢子碰到下雨天、颱風天，就會隨風飄揚，散落到其他健康的植物上。它們一旦發現植物抵抗力下降或者出現傷口，就會伺機入侵，大肆破壞一番。

病菌真的是糟糕到十惡不赦的地步嗎？其實我們可以換一個角度來瞭解它們，菌類是大自然中一類重要的分解者，尤其是致病菌類，它們的侵襲能力特別強。植物生病説明它生長不良、抗病能力下降，因此病菌才能有機會入侵。

而且植物生病了，也不是百害而無一利的，只要通過適當的方法加以篩選利用，有時還能轉害為利呢。目前植物上使用的一些生長激素、生物農藥，甚至用在人類身上的藥物，很多是由生病的植物裡提煉出來的有效成分製成的。大家有空的話，可以去瞭解一下赤黴素、阿維菌素和青黴素的發現過程，它們可都是從被侵害的植物裡面提取出來的藥物。又比如茭白被黑粉菌侵染後會變得又脆又嫩，「貴腐病」可以使葡萄變得更甜，裡面同樣蘊含了很多有趣的故事。

蟲蟲秘笈

&

Insects'Secret Skill

蟲小學問大

Great Knowledge Behind the Little Insects

　　昆蟲在地球上混跡了幾億年，在這漫長的進化史中，它們是不可或缺的一環。為了適應大自然的變遷，昆蟲進化出形形色色的形態，有的生活在陸地上，有的生活在水裡，有的水陸兩棲；有素食者，也有肉食者，還有腐食者；有的身披堅硬盔甲，有的長著天使翅膀；有的天生一副呆萌樣子，有的卻讓人恐懼不已。這些光怪陸離的昆蟲背後都隱藏著很多讓人驚歎不已的大學問，等待我們一一去探尋。

　　昆蟲屬昆蟲綱動物，顧名思義就是成蟲只有六條腿，所以蜘蛛、蜈蚣、馬陸（又稱千足蟲）之類都不能算是昆蟲。昆蟲成蟲身體包括頭、胸、腹三部分，頭部有複眼、單眼和觸角，胸部長著一對或兩對翅膀（有一部分原始類群是沒有翅膀的），腹部則有氣孔、生殖器官等，這些貌似簡單的器官裡卻潛藏著昆蟲對抗大自然的秘密武器。昆蟲的表皮不僅強韌、堅固，還具有防水功能，薄薄的一層表皮不僅肩負著支撐整個身體的任務，還具有保護內臟的功能，想一想，把骨頭長在身體外面是件多麼不可思議的事情。

　　昆蟲的頭部有三個明顯的器官：眼睛、觸角和嘴巴。它的眼睛與人類的截然不同，主要由複眼和單眼組成。複眼由幾個至幾萬個小眼組成，小眼數量越多則視力越好。但複眼只負責辨識物體，感知光線的變化則由單眼負責，因此昆蟲看到的影像有點像打上了馬賽克似的。此外，人類的眼睛能看到紅、藍、綠三種原色光，昆蟲卻技高一籌能看到五種。它們雖看不到紅色，但能看到紫外光，因此在昆蟲的眼裡也就浮現出另一個截然不同的世界。昆蟲的眼睛還有一個鮮為人知的特異功能——能辨別光線方向，一旦與生物鐘結合，就悄然成為一套完美的導航系統——

「光羅盤」（通過識別光線的不同方向照射，結合昆蟲自身生物鐘而形成的一套導航系統）。

　　在昆蟲呆萌的大眼睛附近，還長著兩根接收各種資訊的天線——觸角。這些天線形狀各異，如蝶類的棒狀觸角、紡織娘的絲狀觸角、螢火蟲的鋸齒狀觸角、金龜子的鰓狀觸角等。觸角可不僅是一個裝飾物，裡面含有眾多的感覺器，可以收集附近的環境資訊，如溫度、濕度等。除此以外，有些社會性昆蟲如白蟻、螞蟻還會通過比手劃「角」來交流資訊。

　　昆蟲對食物也是非常講究的，可謂「蟲以食為天」。為了能飽嘗自然界中的各種美食，它們各顯神通，進化出各種令人瞠目結舌的口器。

1

1. 椿象

咀嚼式口器的昆蟲如蝗蟲，喜歡取食葉片；刺吸式口器的昆蟲如蟬、椿象等，則通過刺穿植物表皮吸取養分；而具有虹吸式口器的蝶類、蛾類成蟲，則利用那根能伸縮自如的喙管來吸取花蜜露水；此外，還有蜜蜂的嚼吸式口器和蒼蠅的舐吸式口器。

　　以上只介紹了昆蟲頭部的冰山一角，還有很多令人驚歎的小秘密。昆蟲的身體還有那天使翅膀、長著修長美腿的胸部和極富神秘色彩的腹部，都有待大家繼續探索。而如果再深入到它的內部結構，瞭解它是如何從卵、幼蟲、蛹到最後變成陪伴我們左右的成蟲，更能領略它神奇的一生。

1

2

1. 無墊蜂，擁有發達的複眼
2. 刺蛾幼蟲

擇地而居

Finding the Best Place to Live in

　　昆蟲在地球上有著悠久的歷史，除了極少數種類分佈在南北極圈內，在地球上的每一個角落幾乎都有它們的蹤影。它們憑藉超強的適應力，早已雄霸地球。不過大部分昆蟲需要在特定的生活環境中，才能存活、繁衍，土地中、植物裡、水底下都能成為它們的容身之所。久居於大地上的昆蟲有著各自的生存哲學，有的喜歡躲在泥土裡吃植物的根系、腐殖質，有的喜歡白天在土裡睡懶覺，晚上再爬到植物上吃葉子，有的甚至能在一個晚上把植物整株吃掉，連根系也不剩。

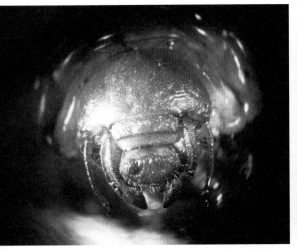
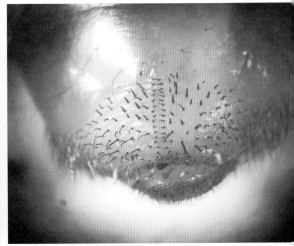

　　這些擇地而居的昆蟲主要包括：鞘翅目的金龜子幼蟲、叩頭蟲幼蟲，直翅目的螻蛄，鱗翅目的地老虎類幼蟲，等翅目的白蟻，半翅目的蟬類若蟲、根粉蚧等。它們中的一些類群非常懼怕陽光，一旦暴露在陽光下就會拼命往土裡鑽，因為它們久居於地下，都是一副白白胖胖的身材，一旦失去大地的庇護，很容易成為獵手們唾手可得的盤中餐。

　　蠐螬是金龜子幼蟲的統稱，是地下昆蟲裡面最常見也最容易找到的一類。它們有的喜歡取食植物的根系，有的則偏好取食泥土中的腐殖質。不同種類的蠐螬在體型上會有很大的差別，但是幼蟲體形與成蟲體形往往是毫不相關的。不過，各種蠐螬的體色卻非常相近，都擁有一個肥胖的白色至淺黃色身體，都喜歡把身體彎曲成C字型。它們還擁有異常鋒利的牙齒，如果把蠐螬放在手掌上，不幸被它咬一口，就會發現那傷口非常平整，像被刀片劃過似的。

　　植食性蠐螬憑藉著鋒利的牙齒，讓無數植物聞風喪膽，只要是紮根在大地的植物都有可能成為它的盤中餐。金龜子的壽命可不短，短則一年發生一代，長則五六年發生一代，而且大部分時間都保持在蠐螬這幼蟲形態。植物的根系一旦受到傷害，土壤中的各種真菌、細菌、線蟲等都會伺機入侵，給植物帶來巨大的傷害。

1. 蠐螬頭部
2. 蠐螬腹末

每到天氣炎熱的夏季，都有一類自然界的音樂家在樹幹上鳴唱，它們是半翅目蟬科的昆蟲，也就是為人所熟知的「蟬」。那高分貝的轟鳴聲，仿佛訴說著若蟲期在地底下有多麼憂鬱。蟬是一種不完全變態昆蟲，與蝴蝶、甲蟲、蒼蠅等完全變態昆蟲有著不同的生活歷程。不完全變態昆蟲只須經歷卵、若蟲、成蟲三個階段，若蟲與成蟲在長相、棲息環境、食物等方面都非常相似，不同之處就是成蟲長有翅膀與成熟的生殖器官。

　　蟬的若蟲孵化後，會馬上鑽進泥土裡尋找一條植物根系，並在附近利用分泌物做一個堅固而安樂的小窩，因為它將在這裡度過一段非常漫長的時間。若蟲把自己安頓好以後，就會用那針似的嘴巴從植物根系裡吸取養分，直到需要回地面羽化為成蟲為止。不同種類的蟬壽命差異較大，目前為止壽命最長的蟬是深居在北美洲的十七年蟬，它需要在泥土下蟄伏整整十七個年頭才能羽化。

　　蟪蛄、蟬若蟲不過是擇地而居昆蟲中的冰山一角，雖然它們在成長過程中或許對植物造成了一定的傷害，但它們不僅可以改善土壤環境，還可以為人類帶來極具藥用價值的藥材。大自然中的每一個物種都是一把雙刃劍，等待著我們深入瞭解和開發利用。

1

1. 剛剛羽化出來的黑翅紅蟬

「毒」步天下

Unparalleled Poison in the World

　　說到「毒」這個字，很多朋友會想，喜歡「毒」的肯定是個心腸惡毒的傢伙，其實在昆蟲的世界裡並不是這樣。有些蟲子吃的東西雖然沒毒，但是它本身卻有毒腺，可以分泌毒液；有些蟲子卻偏偏喜歡吃有毒的植物，同時可以通過身體裡的酶把毒素分解，或者有更厲害的則直接把毒素存在身體裡，變成一條名符其實的毒蟲，一旦有狩獵者膽敢觸碰或把這些毒蟲吃進肚子裡的話，那這狩獵者可就遭殃了，輕則會有燒灼感，出現嘔吐、眩暈等症狀，重則可能因此丟了小命。

　　自然界裡有各種各樣的有毒植物，有一類昆蟲卻毫不忌諱，只鍾愛取食這些毒物，並把這些毒素儲存起來，作為救命稻草。它們之中包括取食馬利筋的樺斑蝶、取食巴豆的鷲蛺蝶、取食夾竹桃的夾竹桃天蛾等。

1

1. 樺斑蝶的食物——馬利筋

夾竹桃科、百合科、毛茛科、玄參科這些植物中，廣泛存在著一種有強心作用的化合物——強心甙，它對動物來說可是具有強力毒性的！前面我們提到的馬利筋就是夾竹桃科植物，樺斑蝶會把卵直接產在馬利筋的葉片或嫩莖上，幼蟲一旦孵化就開始吃吃吃，不斷收集這個厲害的化學武器。樺斑蝶經過漫長的進化，對這些毒物已經產生很強的抗性，甚至可以把這些毒性物質存儲在身體裡，哪怕到了成蟲階段也一直保留著。那為什麼樺斑蝶會如此鍾愛馬利筋呢？因為大自然中有很多它的天敵，比如鳥類就非常喜歡吃鱗翅目昆蟲。樺斑蝶儲存這化學武器，就是為了讓這些捕食者對它們望而卻步。一旦樺斑蝶被吃掉，它體內的強心甙馬上發揮作用，使鳥類飽嘗苦果，開始是咳嗽，接下來就是噁心、嘔吐。雖不至於把鳥類毒死，但也給它一個狠狠的教訓，下次碰到這種蟲子它就會敬而遠之。

　　自然界裡還有另外一類有毒昆蟲，它們吃的食物並不帶有毒性，但身上卻天生就有毒腺，可以分泌毒液。它們很多與我們可謂朝夕相處，包括隱翅蟲、毒蛾幼蟲、刺蛾幼蟲、枯葉蛾幼蟲等，這些蟲子的身上有毒腺、毒毛、肢刺等毒物儲藏室。人們一旦接觸到這些毒物，就會出現過敏等不適症狀。

1. 刺蛾幼蟲
2. 枯葉蛾幼蟲

鷗蔓與樺斑蝶

以隱翅蟲為例，這類昆蟲喜歡生活在陰暗潮濕的環境，食性也非常廣泛，包括腐食性、菌食性、植食性、肉食性。也就是說上至活植物、小型昆蟲，下至腐爛葉片、菌類都是它們的食物。隱翅蟲毒腺隱藏在腹部的中下部，一旦受到刺激或驚擾，屁股那裡就會伸出一對刺狀突起，邊飛奔逃跑，邊釋放毒霧。這些毒霧一旦散落到我們的皮膚上，就會產生癢、痛、灼燒感覺，並立馬刺激神經系統，讓我們痛苦不已。皮膚表面也會出現紅斑、水腫的症狀，如果沒有處理，接下來還會出現水皰、膿皰，甚至出現皮膚糜爛的情況。這種情況下我們可以用氨水、高錳酸鉀或濕潤燒傷膏來做應急處理，然後及時求醫。

　　這裡給大家介紹的雖然都是有毒的蟲子，但是只要我們瞭解它們，就會發現這些有毒昆蟲其實也是非常可愛，因為它們的毒主要用於自衛，並不起攻擊作用。

1

1. 夾竹桃天蛾

蟲草是怎樣煉成的

How to Become a Chinese Caterpillar Fungus

在中國青海、西藏、四川、雲南、甘肅地區，生活著一種神秘的生物，人們只能在海拔 3000 到 5000 公尺的高寒草甸中，偶爾發現它的蹤影。它天生是一個隱藏的高手，把自己偽裝成一棵低調的小草，盡可能不被發現，人類卻對它們趨之若鶩。在每年 5 月到 7 月這個生機勃勃的季節裡，人們總會不辭勞苦起早摸黑，擦亮雙眼在這些高山草甸地區尋找它的蹤跡，這就是被人們稱為「軟黃金」的國家二級保護名貴藥材「冬蟲夏草」。

這神秘的高山住戶冬蟲夏草，其實是昆蟲與真菌的複合體，說白了就是昆蟲被真菌寄生了，真菌鳩占鵲巢，把自己的幸福生活建立在蟲子的死亡上。到了真菌開枝散葉時，人們卻對它們進行瘋狂的挖掘採收，讓人不由得歎息一句：螳螂捕蟬，黃雀在後！自然界中的昆蟲種類紛繁複雜，但並不是所有的昆蟲都能形成冬蟲夏草，只有蝙蝠蛾科蝠蛾屬的幼蟲，被蟲草菌寄生後才能形成蟲菌複合體。你看這真菌還挑剔得很，

1. 一點蝙蛾幼蟲

不但要選專科的，還得找專屬的蟲子來寄生。

　　蝠蛾屬的種類並不算豐富，在中國大概分佈有 50 多種，目前人們有研究觀察的只有 10 多種。雖然它的種類不多，分佈也不怎麼廣，但對生活環境的要求卻在某些方面達到了極致。它一輩子都生活在高寒地區，而且幾乎都在土裡活動，哪怕在炎熱的夏季，幼蟲活動的土層溫度也不到 10℃。但這小傢伙不挑食，高山草甸中出現的草本植物根系都可以成為它的食物。然而蝠蛾完成一個生命週期，通常都需要 3-4 年或者更長的時間，單單幼蟲這階段就要耗費 2-4 年時間，期間還要面對真菌的侵染、放牧的威脅等，日子過得一點也不安穩。

　　到了 9 月份，高山地區的氣溫悄然下降，在漫長而黑暗的冬季來臨之際，蝠蛾幼蟲逐漸進入冬眠狀態。然而正當它準備在土裡不吃不喝舒服地睡上一個安穩覺的時候，殊不知一個比寒冬還冷酷的殺手——蟲草菌，早在七八月炎熱的季節，就已在它們身上埋下致命的種子。蟲子一邊大吃大喝，儲備能量準備過冬，另一邊這「殺手」卻毫不留情地把這些營養慢慢地竊取，在蟲體內不斷繁殖著自己的後代。等到蝠蛾幼蟲酣

1

1. 一點蝠蛾

然入夢後，這無情的殺手更加肆無忌憚地攫取蟲子體內的養分，直至把整個蟲體都掏空。這時蝙蛾幼蟲再也沒機會醒來，只能永遠地停留在它那黃粱美夢裡。蟲草菌並沒有因為蟲子的死去，而感到傷心絕望，它開始從無性階段向有性階段進行蛻變，繼續自己的繁衍之路。此時，蟲草菌會在蝙蛾幼蟲的頭部開個天窗，非常緩慢地長出一個叫子座的東西，顧名思義就是用來承載下一代的地方。經過好幾個月的緩慢生長後，春天終於來臨，隨著氣溫的不斷回升，蟲草菌如沐春風般迅速生長。蟲草菌完全成熟後，它的地上部分就像一片片綠油油的草葉子。此時蟲草菌為把自己的後代（子囊孢子）撒播到大地，開始尋找下一任的蝙蛾幼蟲，采菌人卻紛紛而至，一次又一次地取走這自然的瑰寶。

　　蝙蛾幼蟲、蟲草菌、人類，這三者也許相遇於偶然，但慢慢地形成了特定的自然選擇。蝙蛾幼蟲朝思暮想的是有一天能長大蛻變，在天空裡翱翔，蟲草菌的夢想則是在遼闊大地上撒播它們的種子。然而人類近乎瘋狂地搜集這昂貴的寶貝，蝙蛾、蟲草菌也就只能在僅存的縫隙中艱難地延續著它們各自的生命之旅……

冬蟲夏草

分解者
—— 成也白蟻，敗也白蟻
Decomposer—— Termites

每年春夏之交，雨季來臨之際，家裡都會迎來數波拖著長長透明翅膀的飛蟻，它們成群結隊在燈光下起舞，讓人擔憂不已。這些飛蟻跟我們平常見到的螞蟻並沒有太大親戚關係，只是外表看上去相似而已。它們被統稱為白蟻，是一種偏好木頭、纖維、腐殖質的昆蟲。白蟻的觸角是念珠狀的，工蟻也有雌雄之分。螞蟻卻是膜翅目昆蟲，觸角是膝狀的。但白蟻與螞蟻也有相似之處，它們都是社會性昆蟲，等級分工非常精細、明確。

1. 泥路下的土白蟻

早在 2.5 億年前，白蟻就已存在於地球。它們是不折不扣的清道夫，因為它們是植食性昆蟲，大多鍾愛蛀食木材和分解纖維素作為食物，如枯枝落葉、樹樁、樹頭、紙張、衣服等，反正只要含有纖維素的東西都是它們的美食。白蟻為什麼那麼偏愛含纖維素的東西？這些連牛馬都啃不動的木頭怎麼成了這幫小傢伙的摯愛呢？原來白蟻腸道裡共生著一種叫鞭毛蟲的原生動物，它能分泌一種消化纖維素酶，可以把纖維素分解為葡萄糖等物質，為白蟻提供能量。白蟻還有另外一個奇特的武器——高濃度蟻酸，這武器連金屬都能腐蝕，因此白蟻在人類世界的鋼筋森林裡也是所向披靡。

1. 土白蟻泥路
2. 白蟻巢
3. 家白蟻工蟻

一聽到白蟻這個名字，人們就會不寒而慄地聯想到它那巨大的破壞力，畢竟它已被列入世界性五大害蟲之一。古有「千里之堤毀於蟻穴」的說法，現在白蟻對人類造成的損失更是無法估量，在房屋、堤壩、古樹名木都可能找到它們的蹤影。但它們行蹤異常隱秘，不容易被發現，可以說是一群居住在黑暗裡的居民。一座外表看似完整無缺的建築，可能要等到突然倒塌的一天，人們才會驚覺原來白蟻早已在這裡大肆破壞過，把房子掏空得只剩下一個華麗的空殼。曾經有人在福建一座水庫大壩挖出一個長 6.5 公尺、寬 1 公尺、高 3 公尺的巨型白蟻窩。當然一隻白蟻並沒有如此巨大的破壞力，一個成熟的白蟻巢裡會生活著上百萬頭白蟻，而蟻后才是這強大破壞力的源泉。雖然這「大媽」每天只顧吃喝和下蛋，但她的壽命可不短，少則十來年長則數十年。她每時每刻都在產卵，一個晝夜下卵多達 2 萬粒，只要蟻后還在，白蟻的破壞力就有增無減。這些卵有的發育成負責建築巢穴、尋找食物、餵食蟻后的工蟻，有的則發育成負責保衛巢穴抵禦外敵的兵蟻，還有一部分會發育成有繁殖能力的有翅繁殖蟻，等待適合的時機另起爐灶。

　　如果把白蟻這種強大的分解能力放回到自然界中，那又會是一個怎樣的景象呢？整個森林會很快被白蟻幹掉麼？這當然是不可能的，如果白蟻真有這等本事，木本植物早就在地球上消失了，怎會還有現在如此茂密的森林呢？首先，白蟻雖有強大的分解能力，卻沒有強壯的體魄，外表看起來白白胖胖，身體卻異常柔軟脆弱，面對入侵者，白蟻只會躲在自己的巢穴裡消極抵抗外敵。而且它們喜歡居住在陰暗潮濕環境，對水源非常依賴，這也是它們的短板。此外，自然界裡也存在很多它們的天敵，從而控制了它們的種群數量，包括白蟻巢內的各種真菌、細菌、病毒及其他微生物，巢外的蜘蛛、螞蟻、蛙類、蛇類、穿山甲、針鼴、土豚、犰狳、鴨嘴獸、食蟻獸等捕食者。

　　白蟻對人類的影響並非只有破壞而一無是處，它們體內含有豐富的營養成分和生物活性物質，同時這些營養物質比例與人類體內的營養物質比例驚人的相似，是目前已知的藥食同源生物的典型代表之一。在白蟻巢裡，人們還可以找到一種與松露相媲美的珍貴食用菌——雞肉絲菇，這種菌類常在夏至前後出現，所以人們也常把它稱作「夏至菌」。而非洲地區的地質工作者則借助白蟻蟻酸能腐蝕金屬這個特性，通過分析白蟻巢穴的礦物成分，能一目了然地瞭解到當地有什麼礦藏，白蟻赫然成了探礦小能手。

　　白蟻是自然界中的一把雙刃劍，既會造成巨大的破壞，也能帶來可觀的收益。自然界就是這樣神奇。

黑暗中的舞者 —— 螢火蟲

Dancer in the Darkness——Firefly

春末夏初之際，當人們仰望星空感歎其浩瀚美麗之時，一群群安靜的舞者，正在大地上展示著絢麗的舞姿，它們在夜幕下草叢中、水塘上閃爍著點點星光，仿佛要跟天上的星星比亮似的。黃的、綠的、橙的閃光，色彩各異，從遠處看去，恍若星星墜落凡塵，觸手可及。這種神奇舞者，正是重要的環境指標生物——螢火蟲。早在 3000 多年前，人們就已經對它有了感性認識，《詩經》裡早有記載。然而古人常把螢火蟲妖魔化，諸如「腐草為螢」「化腐為螢」的說法，都是因為對螢火蟲存在著一定的誤解。

螢火蟲是鞘翅目螢科這一類甲蟲的統稱，全世界已知約有 2000 多種，中國預計有 200-300 種，它們主要分佈在熱帶、亞熱帶和溫帶地區。這些舞者的壽命非常短暫，只有 10-20 天時間讓它們盡情炫舞。原來螢火蟲是完全變態昆蟲，必須經歷卵、幼蟲、蛹、成蟲這四個階段，而只有到了成蟲這一階段，它們才能成為真正的舞者。它們的一生頗為曲折，

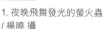

1. 夜晚飛舞發光的螢火蟲 / 楊曉 攝

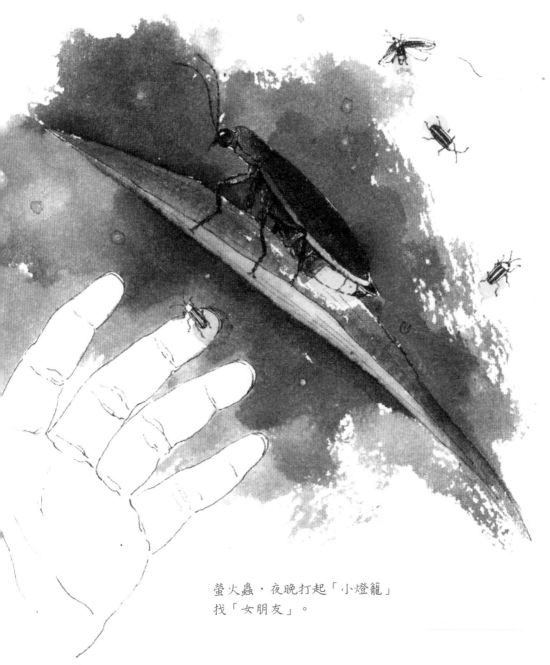

螢火蟲，夜晚打起「小燈籠」
找「女朋友」。

要想成為魅力十足的舞者，必須面對各種的挑戰，如各種天敵的捕食、生存環境的污染破壞等。單單從卵到蛹這個過程就耗費好長一段時間，短則半年，長則 1-2 年，真可謂「台上一分鐘，台下十年功」。

在大家的印象中，螢火蟲貌似在晚上才能看到，但實際上經過長期的進化，螢火蟲的活動已經不只局限在夜間。雖然大部分螢火蟲仍是晚間出沒，但是也有相當一部分種類在白天出現，有些甚至白天黑夜都會出沒。

螢火蟲的幼蟲有水生、陸生、半水生之分，其中水生螢火蟲是最珍稀的一個類群。螢火蟲對生活環境的要求非常苛刻，如陸生螢火蟲喜歡生活在相對蔭蔽、潮濕的林下環境，對農藥、光污染、水體污染、空氣污染都極為敏感。幼蟲主要以螺類和軟體動物為食，這歸功於它那對味道異常靈敏的觸角。當它們發現獵物後，會不動聲色地靠近，然後冷不防地用它那尖銳而發達的上顎，死死地咬住獵物的頭部，與此同時迅速把毒素注入到獵物體內，讓其麻痺癱瘓，等獵物乖乖就範後，再注入消化液慢慢地享受食物。有時候螢火蟲幼蟲會孤軍奮戰，但碰上巨型獵物的時候，它們也會聯合眾兄弟一起將其制服。

熬過那段漫長而又驚心動魄的幼蟲階段後，終於等到幼蟲成熟階段，它們會尋找適合化蛹的地方。找地方可有講究了，不能太濕不能太乾，也不能被水浸泡，但又必須鬆軟潮濕透氣。它們用泥土把蛹室築好以後，便安心地在裡面度過那不吃不喝的預蛹期和蛹期，靜靜等待成為舞者的那一刻蛻變。

螢火蟲在黑夜中絢麗起舞，不單單是為了臭美，更重要的是為了尋找生命中的另一半，完成重要的生命繁衍。不過這也只是螢火蟲發光的作用之一。從幼蟲階段開始，它們就必須應對那處處充滿危機的大自然，小時候它們可以通過身上的警戒色或者身體裡面的腺體發出一些難聞的氣味來讓獵食者望而卻步，即使有些大膽的捕食者敢嘗一下鮮，要麼會因為它的口感極差而放棄，要麼吃了以後把小命都賠上。所以，成蟲階段在夜裡發光的另一個重要作用，其實是對其他捕食者說：閃光表明很危險！我在臭美著，千萬別靠近！當然也會有一些不知好歹的吃貨，不顧警告躍躍欲試。殊不知，螢火蟲的成蟲仍具有它幼蟲階段的生存法寶：口感極差，吃了還有可能賠上捕食者的小命。

雖然螢火蟲的一生充滿荊棘，但是從卵到幼蟲到蛹直至最後成蟲這四個階段裡，它們一直不忘閃閃發光，無聲地告訴人們：這裡的環境非常舒適良好。它們更時刻提醒著人類：你們對大自然的破壞已經非常嚴重了，再這樣下去我們螢火蟲連生存的空間都沒了，下一個陷入困境的，將會是人類自身。

1. 螢火蟲幼蟲
2. 螢火蟲腹部的發光器

鳴蟲

The Singers of Nature

　　鳴蟲，顧名思義就是能鳴叫發出聲音的昆蟲。在昆蟲的世界裡，有不少享負盛名的音樂家、歌唱家，它們不分畫夜地演奏著自己的樂章。鳴蟲在中國有相當悠久的歷史，其中最廣為人知的主要有三大類——蟈蟈、油葫蘆和蟋蟀，分別屬於直翅目的螽蟖科和蟋蟀科。直翅目的昆蟲主要依靠摩擦發聲，發聲器由聲銼和刮器組成，分別位於前翅的肘脈和前翅後緣。它們通過前翅的張開、閉合，使得聲銼和刮器互相摩擦從而發出悅耳的「歌聲」。

　　鳴蟲並不只存在於直翅目，在昆蟲綱的 34 個目中，有多達 16 個目的昆蟲能夠發聲，而且有的不僅成蟲能發聲，幼蟲甚至蛹也具備發聲能力。不同鳴蟲的聲音各有特色，在頻率上、時間上都有差別。如果把各

種鳴蟲的聲音收集配對起來，那估計是一段「餘音繞梁，三日不絕」的旋律，可謂「高音甜、中音準、低音沉」。

　　鳴蟲跟其他昆蟲一樣有嘴巴，但嘴巴大部分情況下只負責吃東西，並不能唱出悅耳的「歌聲」，只有少數鳴蟲是靠嘴巴裡的特殊結構來發聲。鳴蟲發聲主要有四種途徑：摩擦發聲、膜震動發聲、口器發聲和翅膀震動發聲。

　　摩擦發聲的鳴蟲常見於直翅目（如蝗蟲、蟋蟀、螽蟴）、半翅目（如荔蝽、長蝽、盾蝽）、鞘翅目（如天牛），發聲器會隱藏在身體的各個部分。

　　但大部分蟬類是依靠膜震動發聲的，在它們腹部第一節背側面，有一個特殊的發聲結構——鼓膜。蟬就是通過這裡發出像轟炸機一樣的轟鳴聲。同時鼓膜也是接收同伴聲音資訊的地方。鬼臉天蛾則通過口器阻斷氣流，發出「哨聲」潛入蜂巢偷蜜。而膜翅目、雙翅目的昆蟲如蜜蜂、蚊子、蒼蠅等，則通過翅膀的高速震動發出嗡嗡低鳴。

1. 螽蟴

　　昆蟲為什麼要鳴叫呢？原來這些發聲代表著昆蟲不同的心理，鳴聲傳遞著各種資訊，召喚、求偶、興奮、抑制、警戒等，一方面是向同伴發出交流的資訊，另一方面也以此區別不同種類，就像各國的語言和各地的方言。

　　鳴聲是昆蟲交配繁衍中非常重要的一環。雄蟲通過鳴聲演奏出一首首嘹亮的「歌曲」，借此向雌性表達它是多麼強壯，多麼具有安全感。與此同時，雌蟲通過傾聽不同的「歌曲」，來甄選適合自己心儀的雄性。一旦遇到適合的對象，雌蟲就會隨之而唱，通過一首合唱來確定彼此關係，隨後進行交配繁衍。

　　鳴聲除了用來表達愛意外，也是雄性之間較量的戰歌。雄性蟋蟀有佔據領地的習性，在自己領地上它們會正常地發聲。一旦發現入侵的同類雄性後，它們的叫聲立馬變得非常有挑釁性，似乎在告訴入侵者，繼續前進只有死路一條。倘若入侵者繼續進犯，那麼一場血戰則在所難免。

　　鳴蟲的身影無處不在，它們用聲音譜寫著屬於自己的樂章。讓我們停下匆忙的腳步，一起傾聽這來自大自然的奇妙音樂吧。

1

1. 黃斑黑蟬

被忽視的蛾子

Neglected Moths

　　說起蛾這個類群，大家都會想，不就是那色調暗沉，白天不見蹤影，晚上卻老愛撲向燈火的傢伙嗎？是的，蛾類昆蟲大多有趨光性。我們平常所說的蛾，屬於鱗翅目的昆蟲。鱗翅目昆蟲的最大特點要數它那滿布鱗粉的翅膀，這些鱗粉色彩各異，讓人眼花繚亂、目不暇接。如果把它們的翅膀放在顯微鏡下，觀察上面附著的鱗粉時，就能見到形態各異、色彩斑斕的鱗片。

　　雖說大部分蛾類成蟲以褐色、灰褐色為主，但其中也不乏外表

1

1. 鬼臉天蛾

出眾的成員，比如外貌與鳳蝶非常相似的大燕蛾，翅膀暗藏藍光的蝶形錦斑蛾、橙帶藍尺蛾，背上印著一個「骷髏頭」的鬼臉天蛾，擁有長長吸管且行動與蜂鳥相像的咖啡透翅天蛾，以及拖著長長彩帶的綠尾大蠶蛾等。能帶給你驚喜的不單是蛾類成蟲，它們的幼蟲也是各具特色，有偽裝高手尺蠖，也有肉乎乎的天蛾幼蟲，以及身披毒毛、毒刺讓人敬而遠之的毒蛾、刺蛾、枯葉蛾的幼蟲。

在天蛾的家族中有一類長相奇特，讓人感覺恐怖的成員——鬼臉天蛾，在成蟲的背上可見一個形似人面的「骷髏頭」。除了外表特別，它還掌握著一門獨特口技，能發出一種獨特的聲音，這聲音與蜂王發出的聲音非常接近，可以使鬼臉天蛾在蜂巢中暢通無阻，大肆偷吃蜂蜜。雖然鬼臉天蛾的成蟲是如此詭異，但它在幼蟲期可是一條肥肥胖胖的大懶蟲！在南方地區，它一般會出現在福建茶、炮仗花、龍吐珠等植物上，如果有一天你發現這些植物上有一條條的光杆枝條，地上有黃豆大小，外形像 97 式手榴彈的蟲糞，那麼，恭喜你們！大懶蟲有可能就在這附近。它的身體有成年人的大拇指一般粗，屁股那裡有一根明顯的尾角。當發現它們的時候，不妨做一個大膽的嘗試，用手指頭輕輕摸一下，感受它那 Q 彈的身體，畢竟它們的身體是無毒的。有的天蛾幼蟲還會擺出一個奇特的造型，身體保持一個鈍角或直角，把前足和中足都收攏在胸前，就像一個虔誠的僧侶在祈禱，口中念念有詞：「你看不見我，你看不見我，你一定看不見我。」

大蠶蛾是蛾類中的「巨無霸」，它是一個怎樣的龐然大物呢？如果把樗蠶、烏桕大蠶蛾、綠尾大蠶蛾平放在成年人的手掌上，它那碩大的身體會把整個手掌都覆蓋住，很有可能還綽綽有餘，其中有「皇蛾」之稱的烏桕大蠶蛾，它的翅展最長竟可達 30 公分。但烏桕大蠶蛾僅僅屈居亞軍（如果只按翅展長度來算），冠軍則屬於一種生活在中南美洲的強喙夜蛾。

如果說蝴蝶高端、大氣、上檔次，蛾類就可以說是低調、奢華、有內涵，它們很少像蝴蝶那樣在太陽下翩翩起舞，而是喜歡活躍在危機四伏的夜晚。

蝶形錦斑蛾

蝶形錦斑蛾

大蠶蛾

烏桕大蠶蛾

大燕蛾

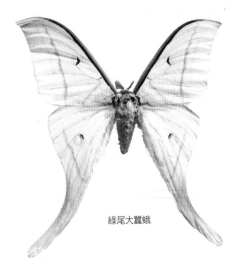

綠尾大蠶蛾

五彩繽紛的「舞者」們，你能認出哪些是蝴蝶，哪些是蛾嗎？

隱身高手
—— 昆蟲的擬態與保護色
Stealth Master
—— Mimicry and Camouflage of Insects

　　目前人類已知並命名的昆蟲種類大約有 100 多萬種，但據科學家們估計，還沒被命名和發現的昆蟲竟然還有 900 多萬種！難道尋找蟲子真的那麼困難麼？平常大家走在公園裡或是樹林中，都能不經意發現昆蟲的蹤影，但常常只能發現一兩隻，有時甚至只見葉片被咬食的痕跡、葉面上或地上留下的蟲糞，卻找不到蟲子本尊。但有時這些蟲子又會冷不防地掉到你的身上，讓你丈二和尚摸不著頭腦，不知道它從何而來，使得人們在樹下行走的時候不免擔驚受怕，這又是為什麼呢？

　　昆蟲經歷了近 4 億年的進化，從遠古時候的龐大體形到現在的小巧玲瓏，都是為適應地球環境的不斷改變而進化來的。我們如今見到的每一種昆蟲都是武林高手，習得一身絕世武功。有的是用毒高手，有的會裝死詐屍，有的力大無窮，有的會隱身等，各種招數數不勝數。當然，其中最常見的要數「隱身術」，這是因為昆蟲體形較小，身體顏色與周邊環境融合度非常高，這樣它們就能隱匿其中而不被輕易發現。昆蟲的這種能力，我們一般稱之為「擬態」或者「保護色」。這就像人穿著黑色的衣服在夜裡行走一樣，如果不打燈或仔細觀察，一般是很難被發現的。昆蟲的擬態，主要依靠的是它那長得酷似葉片或樹皮枝條的外表或體色。

　　雖然有的昆蟲體色鮮豔，但大部分昆蟲依然採取模擬自然背景的隱身生存哲學。這種單純模仿植物或自然背景的方法，是最常見的昆蟲擬態模式，只有當它們不小心走錯位置的時候，我們才會驚訝地察覺它們的存在。下面就讓我們來認識兩位元赫赫有名的隱身高手吧。

　　首先登場的是有「飛舞的落葉」之稱的枯葉蛺蝶屬的蝴蝶，它只分布在東洋地區，已有記載的僅 9 種，中國已知的只有枯葉蛺蝶這一種，

1. 停立的枯葉蛺蝶，酷似枯葉
2. 展翅的枯葉蛺蝶，有美麗的斑紋
3. 隱藏在樹枝中的尺蠖

它出沒在中國西南部和中部，喜馬拉雅的低海拔地區。枯葉蛺蝶是世界著名的擬態昆蟲，停息時，它雙翅緊閉豎立，把身體遮得嚴嚴實實，而翅膀腹面則呈現唯妙唯肖的枯葉狀斑。假若它站在枯葉堆裡或樹枝上，壓根就辨認不出它是葉，還是蝶。

另一位是人稱「彈簧蟲」的尺蛾科幼蟲「尺蠖」，它擁有細長的身體，腳長在身體的兩端，走路的時候一屈一伸，就像一根會移動的彈簧。尺蠖體色通常呈綠色、褐色等，其顏色、斑紋常常和所吃的寄主植物顏色相近。當停息在樹枝上時，尺蠖會依靠腹足和臀足（也就是它的四條後腿）緊抓枝條，把身體稍稍往外傾斜，與枝條保持一定的角度，外表酷似一根小樹杈。當天敵靠近時，它更是一動不動，隱身伎倆可謂天衣無縫。

這些隱身高手在自然界裡處處可見，隨手可及，除了尺蠖與枯葉蛺蝶，還有竹節蟲、葉 、蝗蟲、蚱蜢、大褐斑枯葉蛾、艾冬夜蛾、槐羽舟蛾等，它們都是身懷絕技的隱身高手，依靠一身本領，成功躲過天敵的追殺。

尺蠖爬行時，
會拱起身體，
呈「Ω」型。

後 記

&

Postscript

全書按照植物的根莖與樹幹、葉、花、果實、種子、紅樹林、花蟲恩仇記、蟲蟲秘笈分成八章。

黃瑞蘭編寫：《愛「脫衣」的樹》《佛祖的智慧——珊瑚油桐》《怕癢的樹——紫薇》《天然飲水機——旅人蕉》《先花後葉為哪般——木棉》《會開花的石頭——石頭玉》《回魂草——卷柏》《夜晚睡覺的植物們》《森林救火員——木荷》《裝蒜的美人——蒜香藤》《綠翅木蜂的大餐——紫花西番蓮》《水上女王——王蓮》《廣告高手——玉葉金花》《會體操的蘭花——銀帶根節蘭》《一日三變——木芙蓉》《越夜越美麗——梭果玉蕊》《長在樹上的「鳥兒」——禾雀花》《沒有花瓣的無憂樹》《自帶武器的辣椒》《海漂一族——海檬果》《兄弟姐妹眾多的香蕉》《種子的旅行》《上天入地的花生》《巧克力的媽媽——可可樹》《天然的口紅著色劑——胭脂樹》。

鄒麗娟編寫：《大樹的底座——板根》《不速之客——植物的絞殺者》《雨林巨人——望天樹》《猢猻樹的自述》《保持乾爽的秘訣——滴水的葉尖》《含羞草並不怕羞》《捕蠅草之策》《我家有口大水池——鳳梨》《綠珊瑚的喜與憂》《懂「情」的跳舞草》《謎一樣的蒟蒻薯》《「臭美」的疣柄魔芋》《濱海的草根階層——草海桐》《植物界的舞女郎》《剛柔並濟的昂天蓮》《雞蛋花的選擇》《瓠瓜樹果實應該掛哪裡》《舌尖上的魔術師——神秘果》《大樹「生」小樹》《牡丹花的使命》《誰的種子在飛？——鹿角蕨》以及第六章紅樹林系列。

前六章描寫的都是在華南植物園裡能見到的植物，既有本地物種如榕樹、玉葉金花、禾雀花等，也有國外引入的新奇花卉，如瓠瓜樹、神秘果、蒜香藤等。這些植物，大部分生長在熱帶亞熱帶地區，它們歷經風雨洗禮和炎熱氣候的考驗，究竟如何才能爭取到合適的陽光和土壤呢？我們希望通過這些短文，讓大家瞭解植物們是如何依靠千奇百怪的生存之法，八仙過海，各顯神通，延續著各自的繁榮與更替。

杜志堅編寫第七、八章，講述了蟲兒與植物的精彩故事。無論是廣為人知備受喜愛的螢火蟲，呆萌可愛的尺蠖，還是身價不菲的蟲草，灰不溜秋低調的蛾類，抑或是遭人厭棄的白蟻，它們行走江湖，無不各懷絕技。它們與植物唇齒相依，共同進化，亦是我們的鄰居，瞭解它們，可以讓我們更好地與它們相處共存。

插畫師周小兜用水彩畫的形式，通過細緻的自然觀察，依靠過人的悟性，用敏銳的筆觸，再現這些可愛生靈的形與韻，手繪清新彩圖 70 餘幅，為文字加持，使故事更立體動人。

從 2012 年 1 月獲得專案資助開始，轉眼已經 8 年。《植物的生存智慧》歷經種種波折，最終得以成書。在此首先要感謝中國國家自然科學基金科普專案的資助。同時，特別感謝湖北美術出版社的龔黎編輯及其同仁們，是他們嚴謹專業的態度，使得最終成書效果賞心悅目。

感謝中國科學院華南植物園研究員陳忠毅老師對全文書稿的多次校對和建議，廖景平主任對中英文目錄的部分審校，陳貽竹研究員對《我為你育嬰，你為我傳粉——榕與榕小蜂》一文的審校補充，曾少華研究員對《一日三變——木芙蓉》一文的修訂審校，伍有聲、董祖林兩位資深老專家一直以來在昆蟲學、植保工作方面的啟蒙與指導。感謝匡延鳳博士同意將她的美文《「荷葉效應」揭秘》收入此書。感謝華中農業大學的付新華教授提供的中國螢火蟲數量信息。感謝同事鄧新華、甯祖林、柯蕭霞、蘇建中、李素文、葉育石，以及李令東、徐曄春、楊曉、陳方傑等老師們為本書提供的精美照片。書中照片除特別注明攝影師以外，餘下皆為本書作者三人各自拍攝。

希望這本書如同一把鑰匙，開啟你對自然的好奇心；如同一束光，引導你走向探索自然之路。
（讀者交流郵箱 huangruilan@scbg.ac.cn）

作者合影（從左至右）：鄒麗娟、周小兜、黃瑞蘭、杜志堅
2020 年 4 月於華南植物園溫室翡翠葛下 / 陳方傑 攝

國家圖書館出版品預行編目（CIP）資料

植物的生存智慧 / 黃瑞蘭，鄒麗娟，杜志堅作 .-- 初版 .-- 臺北市：墨刻出版股份有限公司出版

：英屬蓋曼群島商家庭傳媒股份有限公司城邦分公司發行, 2022.11

　面；　公分

ISBN 978-986-289-812-3(平裝)

1.CST: 植物學

370   111018667

墨刻出版

植物的生存智慧

作　　　　者	黃瑞蘭、鄒麗娟、杜志堅	
插　畫　家	周小兜	
審　　　定	陳坤燦	
編 輯 總 監	饒素芬	
責 任 編 輯	周詩嫻	
圖 書 設 計	袁宜如	

發 行 人	何飛鵬
事業群總經理	李淑霞
社　　　長	饒素芬
出 版 公 司	墨刻出版股份有限公司
地　　　址	台北市民生東路 2 段 141 號 9 樓
電　　　話	886-2-25007008
傳　　　真	886-2-25007796
E M A I L	service@sportsplanetmag.com
網　　　址	www.sportsplanetmag.com

發　　　行	英屬蓋曼群島商家庭傳媒股份有限公司城邦分公司
地　　　址	104 台北市民生東路 2 段 141 號 B1
讀者服務電話	0800-020-299
讀者服務傳真	02-2517-0999
讀者服務信箱	csc@cite.com.tw
城邦讀書花園	www.cite.com.tw

香 港 發 行	城邦（香港）出版集團有限公司
地　　　址	香港灣仔駱克道 193 號東超商業中心 1 樓
電　　　話	852-2508-6231
傳　　　真	852-2578-9337

馬 新 發 行	城邦（馬新）出版集團有限公司
地　　　址	41, Jalan Radin Anum, Bandar Baru Sri Petaling, 57000 Kuala Lumpur, Malaysia
電　　　話	603-90578822
傳　　　真	603-90576622

經 銷 商	聯合發行股份有限公司（電話：886-2-29178022）、金世盟實業股份有限公司
製　　　版	漾格科技股份有限公司
印　　　刷	漾格科技股份有限公司
城 邦 書 號	LSK002

I S B N　9789862898123（平裝）
E I S B N　9789862898130（PDF）
定價 NT 380 元
2022 年 12 月初版
2023 年 2 月初版 2 刷

《植物的生存智慧》

作者：黃瑞蘭、鄒麗娟、杜志堅

本書由廈門外圖凌零圖書策劃有限公司代理，經湖北美術出版社有限公司授權，同意由墨刻出版股份有限公司出版中文繁體字版本。

非經書面同意，不得以任何形式任意改編、轉載。